青少年**科普知识**读本

打开知识的大门，进入这多姿多彩的殿堂

你不了解的 太阳系之谜

玲 珑◎编著

河北出版传媒集团

河北科学技术出版社

图书在版编目(CIP)数据

你不了解的太阳系之谜 / 玲珑编著. --石家庄：
河北科学技术出版社，2013.5(2021.2 重印)
ISBN 978-7-5375-5846-4

Ⅰ.①你… Ⅱ.①玲… Ⅲ.①太阳系-青年读物②太
阳系-少年读物 Ⅳ.①P18-49

中国版本图书馆 CIP 数据核字(2013)第 095459 号

你不了解的太阳系之谜
ni bu liaojie de taiyangxi zhi mi
玲珑　编著

出版发行	河北出版传媒集团	
	河北科学技术出版社	
地　　址	石家庄市友谊北大街 330 号(邮编:050061)	
印　　刷	北京一鑫印务有限责任公司	
经　　销	新华书店	
开　　本	710×1000　1/16	
印　　张	13	
字　　数	160 千字	
版　　次	2013 年 5 月第 1 版	
	2021 年 2 月第 3 次印刷	
定　　价	32.00 元	

前言

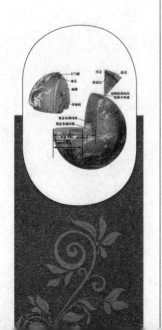

科学是美的，这种美可以用好的科普作品来展示；科学是简单的，这种简单在一个科普作家的笔下，可以为大众所了解。而这两点，我们的青少年朋友们可以从《你不了解的太阳系之谜》中看出。如果你好奇于天文世界的奥秘，那么此书就是你的首选。

本书以图文并茂的形式全面介绍了太阳系中的天文知识，资料翔实，文笔流畅，趣味性强，可读性高，给读者创造了一个轻松、愉悦的阅读氛围。本书集知识性、趣味性于一体，能够使青少年在领略天文奥秘的同时，了解和认识天文世界，启迪智慧，开阔视野，增长知识，激发读者科学探索天文世界的热情和挑战自我的勇气！

本书从太阳系中具有代表性的星球出发，翔实地介绍了太阳系大家族包括太阳、水星、金星、地球、火星、木星、土星、天王星、海王星等，让青少年沉醉于神奇、瑰丽的天文世界之中，感受科学技术的强大威力，从而增长才智，丰富想象，激发创造，培养青少年热爱科学、献身科学的决心，以及热爱人类、保护环境的爱心。

我们衷心地希望本书能成为青少年学生成长的阶梯，成为教师教学、家长教育子女的得力助手。作为一个年轻的学子，如果你拥有了探索的明眸，充满了求知的渴望，不妨翻开此书一探究竟吧。

前言

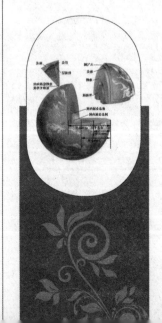

太阳篇

Contents

你不了解的太阳系之谜

目录

Contents

你 不 了 解 的 太 阳 系 之 谜

目 录

Contents

目录

Contents

天王星、海王星篇

卫星篇

你不了解的太阳系之谜

目录

Contents

太阳篇

太阳的起源假说

灾变学说

这个学说是法国的布封首先提出的，他认为太阳是先形成的，然后在一个偶然的机会中，一颗恒星（或彗星）从太阳附近经过（或撞到太阳上），它把太阳上的物质吸引出（或撞出）一部分。

这部分物质后来就形成了行星。根据这个学说，行星物质和太阳物质应源于一体，它们有"血缘"关系，或者说太阳和行星是母子关系。这种学说把太阳系的起源归结为一次偶然的撞击事件，而不是从演化的必然规律去进行客观的探讨。由于银河系中行星系是普遍存在的，太阳系绝不是唯一的行星系，只有从演化的角度去探求才有普遍意义。就撞击来说，小天体如果撞击到太阳上，它的质量太小，不可能把太阳上的物质撞出来，反而会被太阳吞噬掉。1994 年彗星撞击木星就是强有力的例证。21 块彗核对木星发起连续的攻击，但在木星表面仅引起了一点小小的波动，如果说恒星与太阳相撞，这种把太阳上的物质撞出来的概率就更小了。因此，曾提出灾变学说的一些人，后来也自动放弃了原有的观点。

星 云 说

这种观点的首创者是德国伟大的哲学家康德。这一观点提出几十年以后，法国著名数学家拉普拉斯又独立地提出了这一问题。他们认为，整个太阳系的物质都是由同一个原始星云形成的，星云的中心部分形成了太阳，外围部分形成了行星。然而，康德和拉普拉斯在这个问题上也存在着分歧，康德认为太阳系由冷的尘埃星云进化演变而成，先形成太阳，后形成行星。拉普拉斯则相反，认为原始星云是气态的，且十分灼热，因其迅速旋转，先分离成圆环，圆环凝聚后形成行星，太阳的形成要比行星晚些。尽管他们之间有这样大的分歧，但是大前提是一致的，因此人

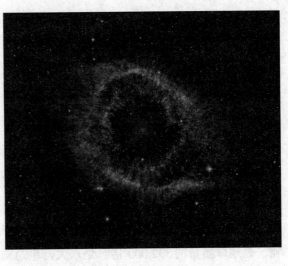

们把他们捏在一起，将这种观点称为"康德—拉普拉斯假说"。

俘获学说

　　这个学说认为太阳在星际空间运动中，遇到了一团星际物质，太阳靠自身的引力把这团星际物质捕获了。后来，这些物质在太阳引力作用下开始加速运动，就像在雪地里滚雪球一样，由小变大，逐渐形成了行星。

　　尽管各种假说都有充分的观测结果为依据和理论根据，但也都有致命的不足，所以迄今为止仍然没有一种假说被普遍接受。

太阳是什么样子

光芒万丈的太阳是自己发光、发热的炽热的气体星球。它表面的温度约 6000℃，中心温度高达 1500 万℃。太阳的半径是 696 000 千米，是地球半径的约 109 倍。它庞大的身躯里可以容纳 130 万个地球。太阳的质量为 1.989×10^{27} 吨，是地球质量的 332 000 倍，是八大行星总质量的 745 倍。知道了太阳的体积和质量，能不能知道太阳的密度呢？先想一想。太阳的平均密度是每立方厘米 1.4 克，约为地球密度的 1/4。太阳与我们地球的平均距离约 1.5 亿千米。这是一段多么遥远的空间距离啊！光的速度每秒约 30 万千米，从太阳上发出的光到达地球需要 8 分多钟。这段距离在天文学家们的眼里，认为并不遥远，他们常常把这段距离当做测量太阳系内空间的一把尺子，给它一个名称叫"天文单位"。拿这把尺子去衡量水星与太阳的平均距离是 0.387 个天文单位。木星与太

阳的距离是 5.2 个天文单位。你看，这是多么大的一把尺子啊！正因为如此，我们从地球上看到的太阳才好似"圆盘"大小，它在天空中对我们的张角大约半度。然而，我们已充分感受到了太阳强烈的光芒和酷热的照射。你可以静静地想一想，地球上的动物、植物和微生物，不都是靠太阳来维持生命吗？埋在地下的煤、石油和水，不也是太阳能量的转换产物吗？地球大气和海洋的活动现象不也是太阳能量的作用吗？地球上除原子能以外，太阳是一

切能量的总源泉。"万物生长靠太阳"确有它深刻的内涵。说到这里，不知你有没有想到这样的问题：太阳慷慨无私，向我们免费提供如此巨大的能量，整个地球接收的太阳能有多少呢？太阳发射出的能量有多大呢？科学家们设想在地球大气层外放一个测量太阳总辐射能量的仪器，使它垂直太阳的光束，这样测得的辐射不受地球大气影响，在每平方厘米的面积上，每分钟接收的太阳总辐射能量约是 8.25 焦耳。这个数值叫太阳常数。这个能量足以使 1 立方厘米的水温度升高约 2℃。如果将太阳常数乘上以日地平均距离作半径的球面面积，这就得到太阳在每分钟发出的总能量，这个能量约为每分钟 $2.273×10^{28}$ 焦耳。如果再把这个热辐射能换算成机械功率，约为 $3.68×10^{23}$ 千瓦。太阳虽然做出如此惊人的奉献，但是地球上仅接收到这些能量的二十二亿分之一。可是，就是这微乎其微的能量，足以使地球上享受到温暖和充足的阳光。太阳每年送给地球的能量约相当于 100 亿亿度电的能量。比全世界总发电量要大几十万倍，太阳能取之不尽，用之不竭，又无污染。随着科学技术的飞速发展，人类必将在利用太阳能方面再创辉煌。

太阳"斑点"——太阳黑子

太阳的表面并不是无瑕的，有时也会出现或多或少的黑斑，这就是太阳黑子。我国对黑子的观测可以说是源远流长。各国学者公认的世界上最早的太阳黑子记录，详细地记载在我国古书《汉书·五行志》里："汉成帝河平元年三月乙未，日出黄，有黑气大如钱，居日中央。"据专家考证，乙未应为己未。这指的是公元前28年5月10日的一次大黑子。这条记录不仅说明了黑子出现的日期，还描述了黑子的大小、形状和位置。其实，我国还有更早的黑子记录，公元前140年前后成书的《淮南子·精神训》中有"日中有踆乌"的记载，踆乌就是黑子。再往前推，甚至可以上溯到3000多年前的商代，殷墟出土的甲骨文中就不乏太阳黑子的记录。近些年来，我国天文工作者从公元前781至1918年约2700年的历史典籍中，查出数百条有关黑子的记载，它们是极其宝贵的科学遗产。现代太阳物理学创始人、美国著名天文学家海耳曾高度赞扬说："中国古

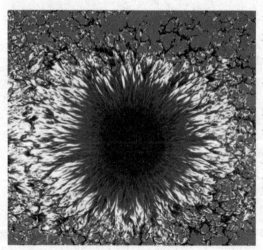

人测天的精细和勤勉，十分惊人。"远在欧洲人之前约2200年，中国就有黑子观测，历史记载络绎不绝，而且记录得比较详细和确实。欧洲人观测太阳黑子开始于意大利天文学家伽利略。1610年，伽利略用望远镜在雾霭中观察太阳，并看到了太阳黑子。与他同时使用望远镜观测太阳黑子的还有德国的赛耐尔、荷兰

的法布里修斯和英国的哈里奥特。从肉眼直接观测到使用望远镜观测，标志着人类对太阳黑子现象的研究逐渐走向科学阶段，伽利略之后，人们对太阳黑子的研究如雨后春笋，蓬勃开展，不但揭示出太阳活动奇妙的规律，而且就太阳活动对人类环境和人类自身的影响，有了越来越多的了解。特别是进入 20 世纪以来，天文学家对黑子磁场、黑子光谱、黑子物理状态做了大量研究，建立了完整的黑子形成和演化理论。

太阳黑子很可怕吗

2005年3月下旬，太阳表面出现了一个庞大的黑子，其面积比地球表面积大13倍，是近十几年来最大的太阳黑子。据了解，黑子所在区域已经出现了4次耀斑以及两股朝向地球的强大日冕喷射。

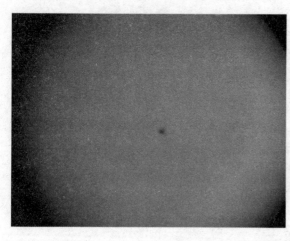

谈到太阳黑子首先要了解太阳的基本层面。我们把太阳发光的圆形球面称为光球层，光球层以上称为色球层，再往上是过渡层，最外围是日冕层。

太阳黑子是指太阳光球上的黑色斑点。若干黑子组成黑子群。黑子看上去黑是因为那里的温度比周围低。通常太阳光球面的温度为6000℃左右，而黑子的温度只有4500℃左右。因而黑子就显得黑了。

黑子往往成群出现，而且大多数是成双成对的，每一对黑子的极性相反。黑子的聚集的区域称为太阳活动区。为什么把黑子的聚集区域称为太阳活动区呢？那是因为这些区域中往往出现能量巨大的活动现象，如太阳耀斑，暗条爆发等。太阳耀斑是太阳上常见的太阳活动现象。耀斑的能量很大，一个普通耀斑的能量也可能相当于数百亿个氢弹的爆炸能量。

除了耀斑和暗条爆发之外，还有一类称为日冕物质抛射的现象。日冕物质抛射起因于太阳磁场的变化。

太阳活动的实质就是太阳在短时间内向周围的空间释放巨大的能量。这些能量以电磁波、高速等离子体流、激波、高能粒子流等方式进入日地空间，进而引发日地空间的剧烈变化。当这种变化波及地球附近的空间时，就与地球的磁场、地球的大气发生相互作用，引起地球周围的空间环境发生剧烈变化。太阳活动具有11年左右的周期。在这个周期内，太阳黑子数目发生变化，太阳活动的激烈程度也发生变化。通常黑子数量多的时候，太阳活动发生的次数就多。

在地球磁场内部和地球大气层外部，有大量的人造卫星和航天器，还有宇航员。太阳活动触发的日地空间环境的巨大变化对他们不利。

不过由于地球大气的保护，太阳活动对地球上人的身体没有过多的直接伤害。只是太阳紫外辐射流量随太阳活动周期变化，而紫外线流量的变化对人类皮肤有一定影响。因此气象部门也发布紫外线强度预报。这是为提高人类的生活质量服务的。

太阳耀斑的破坏力

太阳是地球能量的源泉，如果太阳打个"喷嚏"，地球都会"感冒"。那么，称为太阳上"惊天动地的爆炸"的耀斑，毫无疑问地会对地球造成强烈的影响。耀斑发射出强烈的短波辐射，严重地干扰了地球低电离层，使短波无线电波在穿过它时遭到强烈吸收，致使短波通讯中断。耀斑发射的带电粒子流与地球高层大气作用，产生极光，并引起磁爆。耀斑的高能粒子会对在太空遨游的宇航员构成致命的威胁。近些年来，科学家还把地球演变、地震、火山爆发、气候变化，甚至心脏病的发生率、交通事故的出现率与耀斑爆发联系起来。为了避免和减轻耀斑造成的危害，许多科学工作者正孜孜不倦地从事耀斑预报的研究。但像地震预报一样，这是一个十分艰深的课题，由于我们对耀斑产生的规律和机制知之不多，充其量只能预测在日面哪些区域可能出现耀斑，至于什么时候出现就很难预料了。

北京天文台的艾国祥等一些天文学家在观测中发现，在耀斑爆发出现前数小时，目前磁场图上呈现红移现象。这种耀斑前兆红移现象，反映出物质向下沉降的倾向。学者们认为，对这种现象的深入研究及获得更多的观测结果，有可能为太阳耀斑预报提供一种新的有力手段。太阳耀斑的研究具有重大的意义，其重要性不但在于日地关系的认识方面，也因为它的研究同天体物理学中其他领域的研究有着密切的关系。太阳耀斑现象只是自然界中所广泛发生的耀斑现象中的一个特殊情形。通过对太阳耀斑的研究，可以了解许多其他有关的恒星和星系。同太阳耀斑有关的物理机理也可能用来解释其他天体物理现象，如耀星、射电星系、类星射电源、X射线星和γ射线爆发等。这些都增加了太阳耀斑问题的重要性和天文学家对其研究的兴趣。

太阳内部未解之谜

　　太阳内部的样子，恐怕谁都不能完全说清楚。因为，人们平常对太阳的观测，不论用的是什么手段，用可见光还是射电波、紫外线、X 射线等，基本上只能看到它的表面和大气中的一些现象。日震为我们提供了太阳内部的部分信息，但这种信息很有限，而且也不能深入到太阳最核心的部分。中微子，这种物质结构中的基本粒子之一，向科学家们伸出了支援之手。中微子是什么样的东西呢？它哪来那么大的本领？我们知道，小到纸张、铅笔，以及塑料、橡皮、布匹等，都是由无数分子组成的，而分子一般则是由两个或两个以上的不同化学元素的原子组成，譬如，我们生活中不可缺少的水，就是由两个氢原子和一个氧原子合在一起组成的。那么，原子是由什么东西组成的呢？是由比它还要小得多的基本粒子组成的。到目前为止，已经发现了好几十种基本粒子，如光子、电子、质子、中子等，中微子是其中的一种。中微子的存在早在 20 世纪 30 年代初就有人提出来了，20 多年后从实验中得到证实。中微子是一种性质很特别的基本粒子，它的质量小得不能再小，几乎接近于零。它不带电，也不与一般物质打"交道"，是个脾气孤僻又很难跟它"对话"的家伙。有意思的是，太阳中心在热核反应过程中，却

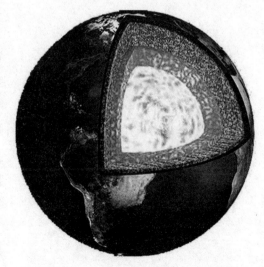

产生出大量的中微子，每秒钟约 200 万亿亿亿亿个。由于它对别的物质概不理睬，浩浩荡荡迅速穿过太阳内部各层，直奔空间，其中一部分就直奔地球而来。根据理论来推算，每秒钟每平方厘米的地面上大概落下 600 亿个中微子，我们的头顶上要承受多少中微子的袭击呀！比雨点密了多少倍呀！不过，我们一点都不必担心，中微子的质量实在是太小太小了，我们对它没有丝毫的感觉，也不会受到它任何的伤害。从太阳核心部分来的中微子，必然带着核心部分的宝贵信息，如此大量的中微子亲临地球，向人类报告太阳内部的温度、压力、密度和各种物理状况，这对人类来说，真是"踏破铁鞋无觅处"的绝好机会。

太阳为什么会发热呢

太阳表面的温度在6000℃左右。炼钢炉里面的温度一般只有1700℃，还不到太阳表面温度的1/3。太阳表面的所有物质都是电离的"等离子体"，太阳中心的温度据推算为2000万摄氏度以上。所以说太阳是个超大超高温的火球。太阳每秒钟散发出来的热量为380亿亿亿焦耳，相当于地球上的每平方千米爆炸180个氢弹的能量。而

我们地球只得到了太阳能量的二十二亿分之一。太阳为什么会有这么高的温度呢？它的能量来自哪里呢？美国物理学家、天文学家贝蒂提出了太阳能源的正确理论，指出太阳能源来自太阳内部的热核聚变。太阳内部充满了氢原子，它们在高温高压下发生激烈的碰撞，其中较轻的氢原子核形成较重的氦原子核，同时释放出大量的能量。这个过程就是"热核聚变"。

太阳的分层结构。太阳从中心到边缘依次分为四个层次，它们分别为核反应层、辐射层、对流层和太阳大气。核反应层是发生热核反应的区域，也是太阳巨大能量的源泉。核心产生的能量通过辐射、对流的方式传到太阳的表面，也就是太阳大气中。太阳大气是由三个层次构成的，包括光球层、色球层和日冕层。太阳大气各个层次有各自不同的特点，也有不同的太阳活动现象。太阳大气的最底层是光球层；中层是色球层，由光球层向外延伸形成的；色球层的外层就是日冕层，它是极端稀薄的气体，可以伸展到几个太阳半径那么远。上述分层都是人为去划分的，实际上在各层之间没有明显的界线，而温度、密度也是连续变化的。

太阳日冕之谜

在日全食的短暂瞬间，常常可以看到，在太阳周围除了绚丽的色球外，还有一大片白里透蓝、柔和美丽的晕光，这就是太阳大气的最外层——日冕层。日冕的温度极高，最高可以达到 100 万摄氏度。

日冕层的大小、形状很不稳定，与太阳黑子的活动密切相关。在太阳黑子活动剧烈的年份，日冕呈圆形，向外伸展得很远；在太阳黑子活动较弱的年份，日冕就会变成扁圆形。日冕里的物质非常稀薄，会向外膨胀运动，并使得热电离气体粒子连续从太阳向外流出而形成太阳风。太阳风不仅不凉快，反而温度高达10万摄氏度，如果没有地球磁场的保护，它会对地球上的生命造成致命的威胁！因为太阳风是一种等离子体，所以它也有磁场，太阳风磁场对地球磁场施

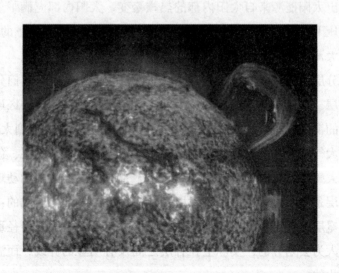

加作用，好像要把地球磁场从地球上吹走似的。尽管这样，地球磁场仍有效地阻止了太阳风的长驱直入。在地球磁场的反抗下，太阳风绕过地球磁场，继续向前运动，于是形成了一个被太阳风包围的地球磁场区域，这就是磁层。当太阳风吹到地球地磁极（在南北极附近）的时候，就会沿着磁场沉降，进入地球的两极地区，攻击那里的高层大气，激发其中的原子与分子，从而产生美丽的极光。在地球南极地区形成的叫南极光，在北极地区形成的叫北极光。太阳风的增强会严重干扰地球上无线电通讯及航天设备的正常工作，使卫星上精密的电子仪器遭受损害，地面电力控制网络发生混乱，甚至可能对航天飞机和空间站中宇航员的生命构成威胁。因此，准确预报太阳风的强度对航天工作极为重要。

太阳日珥的奥秘

　　光球的上界同极活泼的色球相接。由于地球大气中的水分子和尘埃粒子将强烈的太阳辐射散射成"蓝天"，色球完全淹没在蓝天之中。若不使用特殊仪器，色球是很难观察到的，直到 20 世纪，这一区域只有在日全食时才能看到。当月亮遮掩了光球明亮光辉的一瞬间，在太阳边缘处有一钩细如娥眉的明亮红光，仅持续几秒钟，这就是色球。色球层厚约 8000 千米。日常生活中，离热源越远的地方，温度就越低，然而太阳大气的情况却截然相反，光球顶部的温度差不多是 4300℃，到了色球顶部温度竟高达几万摄氏度，再往上，到了低日冕区温度陡升到百万摄氏度。太阳物理学家对这种反常增温现象一直不能理解，到现在也没有找出确切的原因。色球的突出特征是针状物，它们出现在日轮的边缘，像一根根细小的火舌，有时还腾起一束束细高而亮的火柱。19 世纪的一

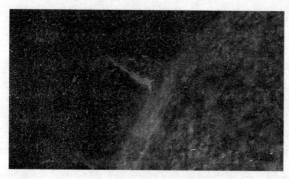

位天文学家形象地把色球表面比喻为"燃烧的草原"。针状物不断产生又不断消失，寿命一般只有 10 分钟。在色球上我们还可以看到许多腾起的火焰，这就是天文学中所说的"日珥"。

　　日珥的形态真可以说是千姿百态。有的像浮云，有的似喷泉，有的仿佛是一座拱桥，有的宛如一堵篱笆，而整体看来它们的形状恰恰似贴附在太阳边缘的耳环，由此得名为"日珥"。天文学家把日珥分为宁静日珥、活动日珥和爆发日珥。最为壮观的当属爆发日珥，本来宁静或活动的日珥，有时会突然"怒火冲天"，把气体物质拼命向上抛出，然后回转着返回太阳表

面，形成一个环状，所以又称环状日珥。这种日珥是很罕见的并且也很重要。它的重要性在于它像铁屑提供磁铁周围的磁力线一样，提供了太阳大气中不可见的磁场存在的证据。日珥的上升高度约几万千米，一般长约 20 万千米，个别的可达 150 万千米。日珥的亮度要比太阳光球层暗弱得多，所以平时不能用肉眼观测到它，只有在日全食时才能直接看到。

　　日珥是非常奇特的太阳活动现象，温度为 5000～8000K（$K=t+273.15$，其中 K 是开尔文温度的符号，t 是摄氏温度的符号），大多数日珥物质升到一定高度后，慢慢地降落到日面上，但也有一些日珥物质飘浮在温度高达 200 万 K 的日冕低层，既不坠落，也不瓦解，就像炉火熊熊的炼钢炉内居然有一块不化的冰一样奇怪，而且，日珥物质的密度比日冕高出 1000～10 000 倍！两者居然能共存几个月，实在令人费解。

太阳是双星吗

天文学家曾有过太阳具有伴星的想法，这是很自然的事。当人们发现天王星和海王星的运行轨道与理论计算值不符合时，曾设想在外层空间可能另有一个天体的引力在干扰天王星和海王星的运动。这个天体可能是一颗未知的大行星，也可能是太阳系的另一颗恒星——太阳伴星。

1984 年，美国物理学家穆勒和他的同事，共同提出了太阳存在着一颗伴星的假说。与此同时，另外的两位天体物理学者维特密利和杰克逊，也独立地提出了几乎完全相同的假说。

穆勒在和他的同事们讨论生物周期性绝灭的问题时说："银河系中一半以上的恒星都属于双星系统。如果太阳也属于双星，那么我们就可以很容易解决这个问题了。我们可以说，由于太阳伴星的轨道周期性地和小行星带相交，引起流星雨袭击地球。"他的同事哈特灵机一动，说："为什么太阳不能是双星呢？同时，假设太阳的伴星轨道与彗星云相交岂不是更合理一些？"于是，他们在当天就写出了论文的草稿。他们用希腊神话中"复仇女神"的名字，把这颗推想出来的太阳伴星称为"复仇星"（Nemesis）。前面所提到的彗星云一般称为"奥尔特云"，它是以荷兰天文学家奥尔特的名字命名的绕日运行的一团太阳系碎片，奥尔特曾认为它距离太阳 15 万天文单位（日地平均距离），可能是一个"彗星储库"，其中至少有 1000 亿

颗彗星。由于太阳伴星在彗星云附近经过，使彗星运动轨道发生变化，因此引起彗星撞向地球，结果引起了生存条件的变化。穆勒说，这种彗星雨可能持续100万年。这一观点与某些古生物学家设想物种绝灭并不是那么突如其来的意见是一致的。

人们考虑到，如果太阳有伴星的话，在几千年中似乎却没有人发现过，想必它是既遥远又暗淡的天体，而且体积不大。这是很有可能的情况，因为在1982—1983年，天文学家利用红外干涉测量法，测知离太阳最近的几颗恒星都有小伴星，这种小伴星的质量仅相当于太阳质量的1/15～1/10。此外，在某些双星中，确实还有比这更小的伴星存在着。

太阳上的元素知多少

印度于 1868 年 8 月 18 日发生了一次日全食。法国经度局研究员、米顿天体物理现象台长詹森为了抓住这百年不遇的观测机会，特意带着他的考察队专程赶往印度观测，希望弄清日珥现象产生的原因。

他在观测日全食时发现太阳的谱线中有一条黄线，并且是单线。而钠元素的谱线是双线，所以詹森肯定它不是早就发现的那种钠元素。

詹森把太阳中存在又一新元素的重大发现写信通知了巴黎科学院。1868 年 10 月 26 日，詹森收到了另一封内容相同的信，那是英国皇家科学院太阳物理天文台台长洛克耶寄来的。

两位著名科学家不约而同的新发现，使人们确认了这是一个大家未曾认知的新元素。这就是氦——地球上发现的第一个太阳元素。

科学家们在 1869 年和 1870 年又进行了两次日全食观测，人们又发现了一条绿色的谱线，经天文学家们证实这也是一种新元素，并给它命名为"氪"，但这个元素后来没有被列入化学元素周期表。瑞典光谱学家艾德伦经过 70 多年的研究，发现"氪"不过是一种残缺的铁原子——铁离子。它是失去 9 ~ 14 个电子的铁，是一种极其特殊环境下的铁。经过长期细致的观测，科学家们发现，太阳上元素最多的是氢和氦，比较多的元素有氧、碳、氮、氖、镁、镍、硫、

硅、铁、钙等 10 种，还有 60 多种含量极其稀少的元素。到 20 世纪 80 年代，科学家们确定的有 33 种元素，此外还有从氢到氡 19 种元素可能存在，其中包括 9 种放射性元素。

那么太阳到底有多少种元素呢？凭目前的科学技术，我们还无法得出准确的数据，无法给大家一个满意的答复，但我们都知道科学技术在日新月异地高速发展中，终究有一天会将宇宙中的难点逐一突破。

神奇的绿色太阳

所谓"绿太阳",就是七彩光轮相互重叠产生白光,在太阳的上下边缘,光轮的颜色不混合,在太阳的上缘呈蓝色和蓝绿色。这两种光穿过大气层时,会有不同的"命运"。蓝光受到强烈散射,几乎看不见,而绿光却可以自由地穿透大气。因此,你就可以看到绿色的太阳!

看见绿太阳,需要天时、地利、人和三个条件。

有关专家这样告诉我们:天时指日落时,太阳黄白色光没有多大变化,并且在落山时鲜艳明亮。也就是说大气对光线吸收不大,而且是按比例进行的时候。

地利指观测点适当。站在小丘上,远处地平线必须是清晰的,近处没有山林、建筑物的遮挡。如大草原上。

人和指观测者必须注意,在太阳未下到地平线时,不能正视太阳。当太阳差不多快要沉没,只留下一条光带时,你应目不转睛地注视太阳,享受美妙的一瞬间——绿色闪光。它的神奇出现不会超过 3 秒钟,但给你留下的印象却是永生难忘的。

罕见的黑色太阳

1997 年 3 月 9 日发生在中国北方漠河的日全食，让每一位亲临现场的观众都大开眼界，就在那一瞬间，明亮的天空被一道黑幕合上，太阳被月影完全遮掩，此时，人们惊异地看到了"黑太阳"周围一团白色的光圈，而且，在太阳的上下两极地区，这层光圈内竟排列着一道道呈散状羽毛样的东西。那么，太阳怎么会生出"羽毛"呢？

这要先从日冕说起。在日全食发生时，平时看不到的太阳大气层就暴露出来了，它就是日冕。日冕可从太阳色球边缘向外延伸到几个太阳半径处，甚至更远。人们曾形容它像神像上的光圈，它比太阳本身更白，外面的部分带有天穹的蓝色。

科学家已经知道，日冕由很稀薄的完全电离的等离子体组成，其中主要是质子、高度电离的离子和高速的自由电子。日冕的形状是有变化的。人们通过观察发现，自 19 世纪末以来，日冕的形态随太阳黑子活动的周期（约 11.2 年）在两个极端的尖型里变化。在太阳活动极盛时期，日冕的形状是明

亮的、有规则的，近于圆形，精细结构（比如极羽）并不显著。可是在太阳活动的极衰时期，就其整体来说，日冕没有那样明亮；但在日面赤道附近，日冕的光芒底层却在扩大，上面分成丝缕，呈刀剑状伸向几倍太阳直径那样远的地

方。有人于 1848 年在高山上观测一次极衰期的日全食，看见这些光芒伸长到离日面 1500 万千米以外的地方。除了上述特征之外，极衰期的日冕往往在两极表现出一种像刷子上的一簇簇羽毛样的结构，人们叫它极羽。

极羽已被科学家们归纳为日冕中比背景更亮的两种延伸结构之一。它出现在日冕的两极区域。它的性质人们还未完全弄清，一般认为，聚集在太阳极区的日冕等离子体，由起着侧壁作用的磁场维持其流体静力学平衡，并因此形成极羽。极羽的形状酷似磁石两极附近的铁屑组成的图案，这种沿着磁力线的分布，说明太阳有极性磁场，并可据此画出太阳的偶极磁场来。

太阳里真的有很多垃圾吗

现在让我们考虑太阳系各星体物质的来源。我们知道宇宙中最初的元素是氢，然后，由于氢聚变形成了氦。这样，在大爆炸后，逐渐形成了最早的一批恒星。它们如同火把一般，照耀着逐渐变暗的宇宙。宇宙在逐渐地变得冰冷，而恒星的温度却在不断升高。温度的升高是恒星由于自身的引力而收缩。当温度超过1亿摄氏度时，第一批巨大的恒星在消耗氢生成氦的过程中，出现了前所未有的新元素：由3个氦核组成碳核，4个氦核组成氧核。世界由于新元素的出现而变得丰富多彩了。这些恒星越来越难以控制它们增大的体积，当温度上升到10亿摄氏度时，恒星内产生了更重的原子核，例如铁、铜、铅，甚至由92个质子和146个中子组成的铀也诞生了。在孕育了诸多新元素的同时，最初的天体发生了爆炸，在自身毁灭的同时，将体内产生的珍贵成分以每秒数万千米的速度抛向广袤的空间。大量的恒星就这样死去了，但是宇宙已经不是原来的宇宙了，空间中有许多云雾状的星际物质，它们的内部含有多种元素。这些元素在冷却的过程中，会相互结合，例如硅、氧与金属元素邂逅时，有形成硅酸盐的可能。这样宇宙中就增添了一种新的物质形式——固体。固体颗粒刚形成时，往往非常微小，但时间让这些微不足道的尘埃联合起来，在引力的作用下，云雾开始变化，尘埃逐渐向中心坠落。温度又开始升高了，接下来是第二批恒星的诞生。

"沉舟侧畔千帆过，病树前头万木春。"在宇宙这个天体的"森林"中，有轰然倒地的擎天大树，也有破土而出的纤细幼苗。在银河系中，每年都会形成新的恒星。可以肯定的是，我们的太阳就是这些后来者中的一位，它在银河系的外围诞生。银河系如同一艘巨大的螺旋形轮船，靠万有引力将众星体束缚在一起，航行在黑暗的星空中。在银河系自转的带动下，所有天体都围绕着银河系转动，我们天空中灿烂的太阳，不过是银河系普普通通的子民，规规矩矩地行走在银河系的外部，两亿年绕一圈。非常幸运，太阳诞生的同时，还携带了一队原始行星围绕在它周围。

冕洞的奥秘

太阳大气最外面的一层叫做日冕。冕的本意是礼帽，日冕确实像顶硕大无比的帽子，从四面八方把太阳盖得严严实实。除非用一种专门的仪器，否则，平常是无法对日冕进行观测的，只有在日全食的时候，才有机会看到它数十秒或者数百秒钟。日冕一般分为内冕和外冕两部分，从空间拍摄的日冕照片上，可以看到外冕最远一直延伸出去好几十个太阳半径那么远的距离。日冕呈现出白里透蓝的颜色，柔和、淡雅，逗人喜爱。

日冕虽然不亮，但用肉眼观测或者拍下照片来看，各处亮度比较均匀，没有太明显的差别。可是，从空间拍下的日冕 X 光照片上看，它却是另外一个模样。其中最引人注意的是，日冕中有着大片不规则的暗黑区域，它们并不很稳定，形状时有变化，有人把它们比喻为日冕中出现的"洞"，冕洞的名称就是这么来的。说实在的，冕洞这个名字并不恰当，因为它基本上都是长条形的，有时从太阳的南极或者北极，一直伸展到赤道附近，长好几十万千米。从 X 射线的角度来看，说它是"洞"还勉强可以，冕洞里确实是"空洞洞"的，穿过冕洞可以直接看到光球，光球是完全不发射 X 射线的，所以在 X 光照片上，冕洞表现为暗黑色的一片，看起来像是好端端的一个圆面上，被涂黑了一大片。

太阳有时候为什么是红彤彤的

无论你是在平地上还是在山上，看到一轮鲜艳的红太阳从地平线上冉冉升起，壮观而又美丽的自然景象使人赏心悦目，印象深刻，久久难忘。日出和日落时，太阳看起来红得可爱，当它升得很高时就远没有那么红了。大家都明白，这不可能是太阳自己在那里一阵子"变"红脸，一阵子又变了别的颜色。是我们地球的大气在那里"变"了个小小魔术，把太阳装扮得更加漂亮了。大气本身是没有颜色的，它用什么来为太阳"染"色呢？"染料"是取之于太阳，而后又用之于太阳。原来，太阳光并非是单色的，是由 7 种主要颜色组成，它们是红、橙、黄、绿、青、蓝和紫。如果你手上有个玻璃三棱镜，把它对着太阳，太阳光经过三棱镜就会"分解"成为一条由那 7 种颜色组成的光带。大气也有这种把太阳光分解为 7 种颜色的本领，它靠的是漂浮在大气中的尘埃粒子、小水滴和气体分子等。

夏天，雷雨过后，有时可以在天空中看到弧状的彩虹，它就是由大气中的尘埃等把太阳光折射后形成的。那 7 种颜色的"个性"都不一样，用科学术语来说，就是各自的波长不同。它们在空气中遇到前面讲的尘埃粒子等时，紫、青、蓝最容易被挡住，或者被折射

到另外的地方去，其次是绿和黄，橙和红的穿透本领最强。早晨和傍晚的时候，太阳光是从侧面斜射到地面上来的，它比别的时候穿过更厚的大气层，遇到尘

27

埃粒子的可能性就更大，特别是这部分大气层如果比较浑浊的话，那7种颜色的光中的大部分，都会先后被"挡驾"或被折射到别的地方去，于是只剩下黄和红色，甚至主要是红色，穿过重重障碍、拨开云雾最后到达地面，"撞"在我们眼睛的视网膜上，于是，我们就看到了一个红得可爱的、红彤彤的太阳。我们完全可以根据上面说的，举一反三：在烟雾弥漫、空气中尘埃等漂浮物比较多的地区，或者在大雾的日子里，太阳就显得红些；在空气清新的地区、海边等地，从那里看到的太阳就不那么红。月亮也有这种"变"红的现象，道理是一样的。

太阳命运探索

　　太阳如一团熊熊燃烧的火焰，给人类带来光明与温暖，勇气和希望。地球上一切活动的能量，几乎都源自太阳；如果没有太阳，黑暗、严寒会吞噬整个地球，我们美丽的家园将变成死寂的世界。太阳无比灿烂的光彩，还激发了人类丰富的想象能力，以致他们曾经把它当做神来崇拜。举世闻名的埃及吉萨地区的金字塔，每当春分这一天，它们的一个底边刚好指向太阳升起的地方；希腊神话中太阳神阿波罗的名字，被用来命名现代航空飞行器；古代各国的帝王们，更是把太阳看作至高无上、君临天下的象征。

　　宇宙中，太阳是距地球最近的恒星，日地距离只有 1.5 亿千米。太阳的直径大约为 139.2 万千米，是地球直径的 109 倍；太阳体积为地球的 130 万倍，而质量比地球大 33 万倍。太阳主要由氢、氦等物质构成，其中氢占 73.5%，氦占 25%；其他成分如碳、氮、氧等，只占太阳物质构成的 1.5%。太阳核心的温度高达 1500 万 ~2000 万 K，每秒钟有 6 亿多吨的氢在那里聚变为氦；在这一过程中，每 4 个氢原子核聚变为 1 个氦原子核，而每产生 1 个氦原子，太阳就向外辐射一小部分能量。地球植物的光合作用，煤、石油等矿藏的形成，大气循环、海水蒸发、云雨生成等，这一切都离不开太阳的活动。10 亿年来，地球的温度变化范围很小，不超过 20℃，这说明太阳的活动基本稳定，也为生命的孕育、演化提供了极好的条件。

　　到目前，太阳上的氢聚变反应已进行了几十亿年，有人担心太阳的能量总有一天会耗尽。的确，太阳的能量并非取之不尽，用之不完。如果氢不断减少，氦不断产生，未来的太阳会变成什么样？

　　根据恒星演化理论，从恒星中心核内的氢开始燃烧到它们全部生成氦，这一过程叫做"主星序阶段"。处于主星序阶段上的恒星称之为"主序星"。不同

恒星体在主星序中存在的时间是不同的，这主要取决于该恒星体的质量。天文学家爱丁顿发现：质量越大的恒星体，为抗衡万有引力而产生的热量也越多；产生热量越多，星体膨胀速度越快；相应地，它留在主星序中的时间便越短。拿太阳来说，它和众多的恒星一样，目前正处于主星序阶段。根据科学家计算，太阳可在主星序阶段停留 100 亿年左右；而目前它处于主星序阶段上已约 46 亿年了。质量比太阳大 15 倍的恒星只能停留 1000 万年，质量为太阳质量 1/5 的恒星则能存在 10 000 亿年之久。

当一颗恒星度过它漫长的青壮年期——主序星阶段，步入老年时，会首先变成一颗"红巨星"。之所以称为"巨星"，因为它的体积巨大，在这一阶段，恒星将膨胀到比原来体积大 10 亿多倍的程度；称它"红"巨星，因为在恒星迅速膨胀的同时，其表面离中心越来越远。温度随之降低，发出的光也越来越偏红。尽管温度降低，红巨星的光度却变得很大，看上去极为明亮。目前人类肉眼看到的亮星中，有许多是红巨星。现在，我们最熟悉的一颗红巨星是猎户星座的"参宿四"，其直径达 11 亿千米，为太阳直径的 800 倍。若"参宿四"在太阳的位置发光，红光会遍及整个太阳系。

从"主序星"衰变成"红巨星"，变化不仅仅是外在的，恒星的内核也发生了很大变化——从"氢核"变成了"氦核"。我们已经知道，恒星依靠其内部的热核聚变而熊熊燃烧着，核聚变的结果是每 4 个氢原子核结合成 1 个氦原子核；在这个过程中恒星释放出大量原子能并形成辐射压，辐射压与恒星自身收缩的引力相平衡。而当恒星中心区的氢消耗殆尽，形成由氦构成的氦核之后，氢聚变的热核反应便无法在中心区继续进行。此时引力重压没有辐射压来平衡，星体中心区会被压缩，温度随之急剧上升。恒星中心的氦核球温度升高后，紧贴它的那一层氢氦混合气体相应受热，达到引发氢聚变的温度，热核反应便重新开始。于是，氦核逐渐增大，氢燃烧层也随之向外扩展（恒星星体外层物质受热膨胀，就是它开始向红巨星或红超巨星转化的过程）。转化中，氢燃烧层产生的能量可能比主序星时期还要多，但星体表面温度不仅不会升高反而会下降。原因在于外层膨胀后受到的内聚引力减小，即使温度降低，其膨胀压力仍可抗衡或超过引力，此时星体半径和表面积增大的程度超过产能率的增长，因此总光度可能增长，表面温度却将下降。质量比太阳大 4 倍的大恒星在氦核外重新

引发氢聚变时，核外放出的能量未明显增加，半径却增大了好几倍，因此恒星的表面温度由几万 K 降到三四千 K，成为红超巨星。质量比太阳小 4 倍的中小恒星进入红巨星阶段时表面温度下降，光度也将急剧增加，这是它们的外层膨胀消耗的能量较少而产能较多的缘故。

红巨星一旦形成，就会朝恒星演化的下一阶段——"白矮星"进发。当外部区域迅速膨胀时，氦核受反作用力将强烈向内收缩，被压缩的物质不断变热，最终内核温度将超过 1 亿摄氏度，从而点燃氦聚变。经过几百万年，氦核也燃烧殆尽，而恒星的外壳仍然是以氢为主的混合物。如此，恒星结构比以前复杂了：氢混合物外壳下面会有一个氦层，氦层内部还埋有一个碳球。这样，恒星体（红巨星阶段）的核反应过程将变得更加复杂。其中心附近的温度继续上升，最终使碳转变为其他元素。与此同时，红巨星外部也开始发生不稳定的脉动振荡：恒星半径时而变大，时而缩小，稳定的主星序恒星将变成极不稳定的巨大火球。火球内部的核反应也会越来越趋于不稳定，忽强忽弱。此时，恒星内部核心的密度实际上已增大到每立方厘米 10 吨左右，可以说，在红巨星内部已经诞生了一颗白矮星。

白矮星是一种很特殊的天体，它体积小、亮度低、质量大、密度高。比如天狼星伴星（它是最早被发现的白矮星），体积比地球大不了多少，但质量却和太阳差不多！也就是说，它的密度为 1000 万吨/立方米左右。根据白矮星的半径和质量，可算出它的表面重力等于地球表面重力的 1000 万 ~ 10 亿倍。在这样高的压力下，任何物体都将不复存在，连原子都会被压碎；电子也将脱离原子轨道变成自由电子。

白矮星的密度为什么这样大？我们知道，原子是由原子核和电子组成的，原子的质量绝大部分集中在原子核上，而原子核的体积很小。比如氢原子的半径为一亿分之一厘米，而氢原子核的半径只有十万亿分之一厘米。打个比方，假如原子核的大小如一颗玻璃球，那么电子轨道将在 2 千米以外。而在巨大的压力之下，电子将脱离原子核，成自由电子。这种自由电子气体会尽可能地占据原子核之间的空隙，从而使单位空间内包含的物质大大增多，密度大大提高。形象地说，此时原子核是"沉浸于"电子中的，没有了原先与电子的"秩序"和"距离"，科学上一般把物质的这种状态叫做"简并态"。简并电子气体压力

与白矮星强大的重力平衡，一定时间内维持着白矮星的稳定；可是当白矮星质量进一步增大，简并电子气体压力就有可能抵抗不住引力而收缩，白矮星还会坍缩成密度更高的天体："中子星"或"黑洞"。

对单星系统而言，由于没有热核反应来提供能量，白矮星在发出光热的同时，也以同样的速度冷却着。经过 100 亿年的漫长岁月，年老的白矮星将渐渐停止辐射死去。它的躯体会变成一个比钻石还硬的巨大晶体——"黑矮星"，孤零零飘荡在宇宙空间。对于多星系统来说，白矮星的演化过程可能没有这么简单，中途有可能发生改变，这需要科学家们进行更深入细致地研究。

英国曼彻斯特大学和美国国家射电天文台的科学家，在曼彻斯特举行的国际天文学联合会大会上宣布，他们使用射电望远镜拍到了 1000 光年外的一颗恒星向外喷发气体的图像。这是迄今科学家拍到的最精细的太阳系外恒星活动图像。对这批图像进行研究，有助于了解恒星接近死亡时的演化过程，从而预测出太阳的未来命运。科学家们观测的这颗恒星名叫 TCAM，位于鹿豹星座，是一颗年老的"变星"，其亮度以 88 个星期为周期进行有规律的变化。过去，科学家们每两周对 TCAM 进行一次观测，一直持续了 88 周（即该恒星的一个光变周期）。他们使用了"特长基线干涉测量"（VLBI）技术，在 43GH 频段记录恒星喷出的气体发出的射电波，结果获得了比哈勃太空望远镜所能拍到的同类图像精细 500 倍的图像。从图像中可以看出恒星表面附近气体的复杂运动，但其中有一些利用现有理论尚不能解释。一些科学家们认为，几十亿年后，太阳在生命走到尽头时会迅速膨胀，把包括地球在内的太阳系内行星"吞噬"掉。届时太阳会剧烈地脉动，像 TCAM 一样成为一颗变星。在脉动过程中，大量物质将被抛入星际空间，太阳的大部分质量都会损失掉，剩余部分将坍缩成一颗白矮星。在银河系中发现的大量变星表明，脉动和质量抛失是恒星死亡过程中的普遍现象，一些变星每年能够抛出相当于一个地球质量的物质。研究这种质量抛失，可以更好地了解恒星生命终结的过程，其中也包括我们的太阳。

一些科学家认为，虽然目前对恒星演化过程还不是太清楚，但基本可以肯定：大约 50 亿年后，太阳就会成为红巨星。那时，地球上的一切生命将不复存在。届时地面温度将比现在高两三倍，北温带夏季最高温度会接近 1000℃；而地球上面积巨大的海洋，也将会被蒸发成一片沙漠。预计太阳在红巨星阶段大约停留 10 亿年，光度将升高到今天的好几十倍；它的体积也将比现在更加硕大，若从地面角度观察，会发现它实际上"布满"整个天空。

这样的"世界末日"固然还非常非常的遥远，但是一些人因为提前几十亿年知道了最后的"大结局"，无法掩饰内心的苦涩。因为这样一来，不仅人类，就连一切的生命形态都显得那样渺小，那么"微不足道"。他们会问："如果生命的演进注定是一场过眼云烟，那么它还有什么意义呢？"

的确，在人类看来，虽然个体生命的意义在于它的有限，但整体生命的意义似乎应该在于无限。在这个信念的支撑下，很多人认为即便没有了地球，生命也会在另一个星球上延续。人类是不会坐以待毙的！他们极有可能在此之前早已移居到太阳系以外其他适合生存的行星上了。银河系中有 1000 亿颗发亮的恒星，而每一恒星附近常有好几颗行星，在广袤的宇宙里又至少有 1 千亿个不同的银河系。因此，从理论上讲，适宜人类生存的星球应不止一颗。也许不久的将来，科学家就会找到未来人类的另一家园。

太阳能量预知

太阳是地球万物生长的动力源泉。自人类诞生起，太阳就一直是人心目中光明和温暖的使者。在各个国家、民族的神话故事里，太阳是不可或缺的角色。中国神话有"后羿射日""夸父逐日"，西方有阿波罗神，等等。

太阳炽热无比，这主要因为太阳每时每刻都在向外释放出巨大的能量。可以毫不夸大地说，地球上人类迄今为止利用的主要能量，直接或间接地都来自太阳。而在人类有史可查的漫长岁月中，太阳光和热都未见有丝毫的减弱，这既让人高兴，又令人费解：如此巨大而持久的能量是从哪里来的呢？

对此，古往今来的科学家们众说纷纭。首先有"燃烧说"，这是一种最原始也是最朴素的猜测。该观点认为，太阳是通过燃烧内部物质而发出光和热的。有人设想太阳是一只巨大无比的"煤炉"，靠类似煤炭燃烧发出强光和辐射热量。然而，根据测量，太阳表面温度高达 6000℃，很难解释由碳和氧发生化学反应生成二氧化碳的"燃烧"，能达到这样高的温度。同时，根据测到的数据，太阳每秒的辐射能量以功率单位瓦计算为 $3.9×10^{26}$，用普通的燃烧难于维持这个大得惊人的天文数字。再者，如果太阳是靠这种化学能来维持的话，最多不过燃烧几千年，可是至今太阳已经存在了约 45 亿年而不见衰退的迹象。由此可见，"燃烧说"不符合事实。

于是出现"流星说"。有人认为太阳周围有稠密的流星，它们以可观的宇宙速度撞击太阳，这样流星的动能便转变为太阳的热能。然而，果真如此的话，欲维持太阳发出那样巨大的能量，坠落在太阳表面上的流星之多，应该使太阳的质量在近 2 千年内有显著的增加，这就会影响八大行星的运动；但是从八大行星的运动情况来看，并没有什么显著的变化。况且按照牛顿的万有引力理论，流星不会漂浮在太阳的上空，不会大量落在太阳上，它们是以闭合的轨道绕太

阳运行。

关于太阳能的来源，第一个可称得上"理论"的，是天文学家亥姆霍兹于1854年提出的太阳"收缩说"。他认为像太阳那样发出辐射的气团必定会因冷却而收缩。当气团分子在收缩中向太阳中心坠落时，势能转变成动能，再转变为热能以维持太阳所发出的热量。但是计算同样表明，如此太阳的寿命不应超过5千万年，而太阳的实际年龄却是约45亿岁。面对事实，连亥姆霍兹自己也对"收缩说"摇头了。

然后是"核燃烧说"。根据光谱分析，早已知道太阳中含有丰富的氢，还有少量的氦。可见，这两种元素一定与太阳能有密切的关系。1911年原子核发现后，人们开始猜测太阳能也是从原子核反应中释放出来的。

已知几个核子（组成原子核的粒子）通过核反应结合在一起，就会放出能量。例如4个氢通过核反应结合成1个氦，便能放出20兆电子伏特以上的能量。按照著名的爱因斯坦质能关系式"E（能量）$= m$（质量）$\times c$（光速）^{2}"，4个氢核质量约相当于4000兆电子伏特的能量。而从太阳的辐射功率，同样可由质能关系估计出太阳每秒减少的质量为4×10^6吨，这与太阳总质量2×10^{27}吨之比为2×10^{-21}，这就是太阳的"质量亏损率"。两者一比较，便得出太阳寿命估计为几百亿年。于是人们恍然大悟，原来氢就是太阳中的燃料，氦则是它燃烧后的余烬，太阳能来自氢的聚变反应。从太阳光的光谱分析，也证实太阳里确实存在氢气和氦气。

人类对太阳能来源的认识在步步深化，然而，疑团却远未解开。氢弹爆炸是瞬息之间发生的，反应是在顷刻之间完成的，人们至今无法控制聚变反应，使之像裂变反应那样持续进行。要是太阳在进行"氢弹爆炸"，为什么不是所有的氢气一起参加反应？要是所有的氢一起参加反应，反应一次完成，反应之后理应逐渐冷却，但是，研究证明，数百万年来，太阳光的强度没有丝毫减弱。如果太阳是在进行大规模的有控制的热核反应，那么什么条件使得太阳中的氢能局部持续地参与聚变反应？有控热核反应正是人们追求的目标，但是至今没有做到。由此看来，太阳能的来源问题，仍是科学家们努力探索的一个谜题。

揭秘太阳活动

太阳表面的活动现象非常复杂，也相当丰富多彩。太阳大气就像汪洋大海，荡漾起伏的涟漪、微波接连不断，汹涌澎湃的惊涛骇浪也频繁出现。

在各种日面活动现象中，太阳黑子是最基本的，也是最容易发现的。明亮的太阳光球表面，经常出现一些小黑点，这就是太阳黑子。

太阳黑子是在太阳的光球层上发生的一种太阳活动，是太阳活动中最基本、最明显的。我国的古书中关于太阳黑子的记载有很多。

汉初《淮南子·精神训》中记有"日中有踆乌"，意思是太阳上面有一只三只脚的乌，这三足乌指的就是黑子。《汉书·五行志》中对黑子的记载更明确了："日出黄，有黑气大如钱，居日中央。"这是得到公认的世界上最早的黑子记录。

开普勒是德国著名的天文学家。他在 1607 年时看见了黑子，但当时他不敢相信太阳上会有暗黑的斑点，反而误认为是水星凌日了。

1610 年，意大利物理学家、天文学家伽利略利用望远镜观察太阳，才确认了太阳黑子的存在。

黑子的大小相差很悬殊，大的直径可达 20 万千米，比地球的直径还要大得多，小的直径只有 1000 千米。较大的黑子经常是成对出现，并且周围还常常伴有一群小黑子。

黑子的寿命也很不相同，最短的小黑子寿命只有两三个小时，最长的大黑子寿命大约有几十天。

黑子的数目并不固定，有时多，有时少。当黑子大量出现的时候，叫做太阳活动峰年。黑子出现很少的期间，称为太阳活动谷年。两个谷峰年之间的周期平均为11年。

表面上看太阳黑子像是黑的，但实际上并不真是黑的，而是炽热明亮的气体，有着4500℃左右的高温，但是相对于光球温度6000℃要低多了，因此显得黑了。

太阳黑子究竟是怎么回事？为何会比光球温度低？为何两个谷峰之间的周期是11年呢？有关太阳黑子的奥秘还远未揭开。

天文学家形容太阳色球层像是"燃烧着的草原"，或说它是"火的海洋"，那上面许许多多细小的火舌在不停地跳动着，时不时地还会蹿起很高的一束束火柱，这些蹿得很高的火柱就叫做"日珥"。日珥是通常发生在色球层的，它像是太阳面的"耳环"一样。

日珥绰约多姿，变化多端，有的像浮云，有的像喷泉，有的像篱笆，还有的似圆环、彩虹、拱桥等，是一种十分美丽壮观的太阳活动现象。但是，日珥比光球暗得多，只有在日全食时或者使用色球望远镜时才能观察到。

日珥的大小也不一样，一般高约几万千米，大大超过了色球层的厚度，因此，日珥主要存在于日冕层当中。

天文学家通过对日珥光谱的分析和

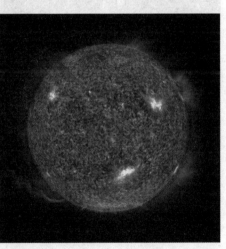

研究，得知它们具有很高的温度，接近1万摄氏度。

日珥可分为三大类：宁静的、活动的、爆发的日珥。宁静日珥比起另外两种日珥来，显然不够活跃，变化比较缓慢，一般能够在日面存活几天时间，但是能够经常看到宁静日珥。令人不可思议的是，宁静日珥可以形状丝毫不变地在日冕中存在数月之久。日冕的温度高达一二百万摄氏度。活动日珥比宁静日珥活跃得多，总在不停地变化。它们像喷泉一样，从太阳表面喷出很高，又沿着弧形轨迹慢慢地落回到太阳表面。也有的日珥喷得很快很高，它的物质不再

落回到日面，而是抛入宇宙空间了。最壮观的还数爆发日珥。爆发日珥发生的时候，以每秒700多千米的高速将物质喷发到日冕中，如此高速，动力又是从哪儿来的呢？目前，这还是一个尚未解决的问题。日珥这些令人惊异的性质，给天文学家提出了一系列有趣而又艰深的研究课题。

太阳耀斑是一种最剧烈的太阳活动，也是对地球影响最大的活动现象，周期约为11年。1859年9月1日，有两位英国天文学家在观测太阳过程中，看到一大片新月形的明亮闪光的黑子群，以每秒100多千米的速度掠过，随后就消失了。不久以后，电讯中断，地磁台记录到强烈的磁暴。这就是人类第一次观测到的太阳耀斑现象。

耀斑的特点是来势猛、能量大。在短短一二十分钟内释放出的能量相当于地球上十万至百万次强火山爆发的能量总和。耀斑产生在日冕的低层。耀斑和黑子有着密切的关系，在大的黑子群上面，很容易出现耀斑。

太阳耀斑对地球的影响很大，能够强烈地干扰地球上的电讯，同时对正在太空遨游的宇航员也会构成致命的威胁。因此，天文学家对耀斑有着特殊的重视，是当代太阳研究的主要课题之一。

除此之外，也有许多密密麻麻的米粒组织和经常出现在日面边缘的光斑出现在太阳的光球上，色球上还有与光斑相对应的谱斑，日冕中还有暗黑的冕洞，等等。太阳表面的这些活动现象形式不同，特点各异，但有一个共同的特征，那就是共同遵守一个11年一周期的涨落规律，各种活动现象在太阳活动峰年会十分激烈，到谷年，这些活动就都比较平静。

太阳活动11年的变化周期，是300多年以前由德国的药剂师施瓦布发现的。施瓦布是一位十分勤奋的天文爱好者，他通过对太阳黑子的长期观测发现了这一变化规律。然而这11年的周期又是怎么形成的呢？目前这也是一个未解之谜。

太阳中的微子揭秘

β射线是铀和镭自动衰变过程中产生的一种射线，是一种带负电高速飞行的电子流。一开始人们认为，在原子核的β射线衰变过程中，原子核发射出一个电子，然后变成另一种原子核。但经精密测算，发现前后两种原子核的能量不相等，说明有一部分能量丢失了。

丢到哪去了呢？奥地利物理学家泡利于1931年提出假说认为，在β射线衰变过程中，原子核不止发射一个电子，可能还发射一种我们不知道的粒子。他推测这种粒子"性格"比较孤僻，几乎跟谁都不来往，本身不带电，中性，质量微小，穿透力强。后来，意大利物理学家费米根据泡利的推测，将其命名为"中微子"。

20多年之后，科学家们经过辛勤的工作，终于在1956年把泡利的假说变为现实。人是富于联想的，说到中微子，人们马上想到了太阳这个巨大的原子核反映堆，认为它一定会产生数量相当大的中微子，它们会穿过太阳到地球之间的空间，浩浩荡荡地向地球进军。这样大数量的中微子，寻找起来大概不会费劲，可事与愿违。

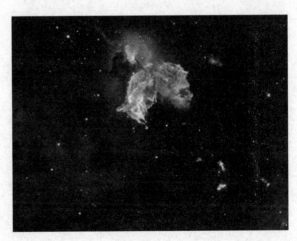

为了寻找来自太阳的中微子，科学家们真可谓绞尽了脑汁。直到1968年，美国布鲁克海文国家实验室的科学家戴维斯等人，才找到了这位"贵客"。他

们把实验室设在美国南达科他州一个深 1500 米的旧金矿里，里面放一个重 60 多万千克，装有 390 立方米的四氯化二碳溶液的大钢箱，用来捕捉中微子。中微子撞击四氯化二碳中原子量为 37 的氯原子，发生核反应后变成一个同样原子量的氩原子，同时放出一个电子。氩是一种不断衰变的不稳定的放射性元素。只要能计算出核反应后产生了多少个氩原子，就可计算出中微子的数量。

中微子虽然捉到了，可情况并不像人们想象的那么乐观。本来按照戴维斯等人的这种实验方法计算，每天可捉到 11 个中微子，可事实上 5 天才捉到 1 个。这个结果使科学界大为震惊，成为轰动一时的中微子失踪之谜。

面对理论与现实的偏差，人们提出了种种假说，试图破解中微子失踪之谜，但都无功而返。

探索太阳奥秘

在 1989 年春天一个宁静的夜晚，美国亚利桑那州基特峰国家天文台天文学家阿弗拉正在悠闲散步。突然，他发现一片红光出现在夜空之中。最初他还以为是森林大火映红了天，刹那间，满天红色又变成绿色的北极光，就像一块巨大的幕布悬挂在天上，甚至能看到这块"幕布"下面还有流苏！

阿弗拉看到的情景原来是太阳玩的把戏。太阳距离地球大约 1.5 亿千米，它的直径约为 140 万千米，质量约为地球的 332 000 倍。这个巨大的星球的组成成分中，氢占了绝大部分，约为 72%，氦占 27%，1% 是其他物质。

太阳核心的温度高达 15 000 000℃，每秒钟有 6 亿吨的氢在那里被聚变成氦，然后被送到太阳表面。太阳表面又叫光流层，那里的温度较低，只有 5500℃。太阳是悬浮在空中的天然核反应堆，它通过核聚变释放出惊人的能量。这些能量造成太阳上的风暴，能量的一部分被高速粒子带到太空之中。当风暴吹向地球的时候，地球磁场由于受到它们的干扰而变成椭圆的形状。

来自太阳表面的能量还以可见光、紫外线和 X 射线的形式向地球辐射，它们的力量足以穿透地球的大气层，其功率竟高达 100 万千瓦！

有了太阳能，植物赖以生长的光合作用才能进行；也正是这种太阳能储存在已经变成矿物燃料的古生物中，为我们提供煤和石油。阳光给地球送来了热量，促使大气循环，海水蒸发，形成云和雨。在大气层中，太阳能撞击 2 个氧原子变成由 3 个氧原子组成的臭氧分子。臭氧层挡住了来自太阳的大部分紫外线，那一小部分透过臭氧层的紫外线，能使爱健美的人晒得黝黑，但若照射的时间过长，就可能诱发皮肤癌。

太阳是地球最可靠的热源，约 45 亿年以来，它使地球温度的变化范围很小。这对维持生命的存在是十分必要的，来自太阳的能量无论变多了还是变少

了，都会对我们居住的行星产生深刻的影响。

在人类历史长河中，太阳被尊崇如神，因为它给地球带来光明和生命。在高加米拉会战前夕，亚历山大大帝拒绝了达利乌斯提出的和平协议，他对来使说："天无二日，地无二主。"

多少世纪过去了，很少有自然现象能像日食那样引起人们既恐惧又崇敬的心理。早年间，我国人每逢日食便燃放爆竹，敲打铜锣，恐吓驱赶吞吃太阳的妖精。在马克·吐温的笔下，日食却救下了一个叫康涅狄格的美国佬。那个人知道要发生日全食，于是趁太阳消失之机，从亚瑟王的骑士手中逃了出来，避免了被烧死在火刑柱上的厄运。至于当今美国众多的天文爱好者，更是富有大无畏的精神。他们乘飞机、坐轮船、开汽车，从爪哇到西伯利亚，从欧洲到非洲，哪儿出现日全食就涌向哪儿。

即使在古代，也有人敢"亵渎"神灵。古希腊哲人阿那克萨哥拉宣称：太阳只不过是一个大火球。当然，他为此而遭到流放的惩罚。但是，亚里士多德接受了他的思想，甚至认为太阳上的火到处都一样大，太阳是不变的、完美的星球。

人类对于太阳的观测已有几千年的历史，然而至今太阳的许多秘密仍未被揭开。天体物理学家对太阳测量结果与理论模型之间存在着的很多不相容性提出了质疑。人类将借助于未来的宇宙探测器去解开一些太阳之谜。

透过天文望远镜，人们可以看到太阳的表面是一片色彩多变、广阔而又可怕的景象：有的区域像是地球上成荫的绿树林，有的区域像地球上正在起火的大草原，有的则是像地球上微风吹拂下的麦田。在半径约为70万千米（约为地球半径的109倍）的太阳上，到处是氢的海洋，那里氢的密度是地球上水的1‰。而"黏附"在太阳表面上不断抖动着的"微细纤维"，实际上是正在喷射到 30 万千米高处的数以 10 亿吨的物质，那些竖立着的"骨针"是比喜马拉雅山还高的高山。

太阳的活动，如热核反应等，直接影响着地球的气候。而依靠太阳生存的地球，在 50 亿年以后将会随着太阳上大部分物质被耗尽和被稀释到极限而消失。根据太阳的颜色，以及发出的光，人们可以估计出太阳的温度。目前已知的太阳内部温度高达1500万摄氏度，其内核密度为每立方厘米 150 克，几乎是铂密度的 8 倍。

今天，人类对于太阳的认识还不是很深刻，为此这不仅需要借助于更先进、更精确的测量手段，而且还需要有更完善的理论模型。实际上，人们原先对于太阳的认识存在着很多差错。例如，太阳的实际转速要比理论推算的慢得多。太阳赤道上某一质点以 2 千米/秒的速度转动一圈需要 25 天，而根据长期以来的理论推算结果，这一质点的运行速度比实际的快 200 倍。太阳的温度是中心高表面低，中心温度为1500万摄氏度，而表面温度仅接近6000摄氏度。这样的估计似乎是符合逻辑的。然而令人惊奇的是，几倍于太阳半径大的"太阳环"的温度竟达到100万~200万摄氏度。科学家的研究结果表明，"太阳环"极高的温度与太阳表面的复杂结构都是由宇宙对流运动和太阳磁场造成的。

太阳辐射是呈周期性的。在周期开始的时候，太阳相对"平静"，这时太阳磁场明显地出现偶极性，这种偶极性与地球磁场极性相似，但磁强度比地磁强得多。如果能把一只罗盘放在太阳表面，磁针会指向北。几年以后磁针又指向西，尔后又指向东。大约 11 年以后，磁针指向南。经过 22 年的偏转，磁针回到原先的北。为什么会出现这种奇特的现象呢？其实，太阳上某一质点运行的速率在两极要比在赤道慢得多。太阳磁场的磁力线先是南北向分布，随后发生偏移、重新聚合，强磁场形成一个磁"管"，最后出现螺旋形磁场。太阳黑子活动有周期性增多的现象，周期长度为 11 年。太阳黑子好像东西向放置的磁铁，挡住了太阳偶极磁场，这些磁铁虽小但能量很大，此时罗盘不仅不能指出方向，而且就连磁针都将被黑子吸走。

为了解释这种周期现象，科学家们已经开始凭借空间实验站进行探究。他们在宇宙中发现了呈香蕉形状的对流卷绕着太阳转轴运行，而且这种现象并不总是可以被直接探测到，它们的出没是随磁场周期变化而交替的。对于太阳黑

子的研究，他们把图像信息转化为数字，借助计算机处理后得出太阳黑子的运行规律，最终发现，太阳黑子是由对流卷引起的。

亚里士多德的观点在中世纪颇为流行，直到伽利略和 17 世纪初的观象者，利用当时刚发明的望远镜看到了太阳表面上黑色的斑点，太阳黑子存在的事实才被接受。

1991 年 3 月初，太阳黑子的活动十分频繁。有一个黑子很大，上面足以放得下 70 个地球。黑子比它周围的温度低约 2000℃，所以，在明亮的太阳上看起来就像一个污点或一块黑斑。有时候，黑子或它的旁边也会出现极明亮的斑点，就像草原野火一样，很快就笼罩了几十万平方千米的面积。这就是不常见的太阳耀斑，它的温度高达 2000 万摄氏度，所以显得格外耀眼。耀斑是发生在黑子区域的大爆炸，它把光和热以及几十亿吨物质射入太空。

黑子和耀斑是太阳表现不安分的信号，预示太阳活动高峰即将来临。人们感到庆幸的是，1991 年 3 月份的耀斑发生在太阳最东端，因此，它产生的最大力量偏离了地球。不过，3 月 10 日，由于太阳旋转使黑子的位置直接面对地球，那时恰好又出现了一个不太强的耀斑。8 分钟后，X 射线和紫外线以光速光临地球大气层；大约 1 小时，高能质子开始到达；3 天之后，低能质子和电子也辐射到地球。

最先体验太阳暴怒的是装置在人造卫星上的测量太阳活动周期的仪器。观察站工作人员说："它们好像被人打晕了，一分钟后才苏醒过来。" 对地球来说，耀斑效应是具有破坏性的。短波广播被干扰长达 24 小时，卫星通信无法正常进行。耀斑在大气层产生强有力的瞬变磁场，在广播线和电力传输线中诱发新电流。加拿大魁北克水利电力公司被迫切断魁北克省和蒙特利尔部分地区的供电达 9 小时之久。

除了黑子和耀斑，太阳上白热化的气体还能形成巨大的环，射向几万千米的空中。这就是"日珥"，也就是太阳戴的"耳环"。"日珥"现象有时可以持续几个月才消失。在日全食的时候，还可以观察到日冕。由几十亿吨白热体组成的日冕，偶尔也能脱离太阳的控制，以每小时 320 万千米的速度飞向太空。

耀斑喷射的高能电子来到大气层后，在地球磁场的作用下偏离了原来的方向。因为磁力线对南北两极的保护作用很小，所以电子聚向这两个地区的上空。

和人类设计的霓虹灯原理相同，电子撞击氧原子，使它们发出红光和绿光。在太阳活动高峰期，地球大气层受到大量来自太阳粒子的冲击。它们以 100 万安培的电流强度强行突破大气层，产生的强磁场给地球居民带来了麻烦和灾难。太阳最近一次太阳活动高峰是在 2013 年 2 月。不过，太阳是变幻莫测的，许多科学家都认为太阳活动高峰的周期平均为 11 年，但短的时候只不过 7 年，长的时候却可达 17 年。

观察太阳可为尚未解决的问题提供线索。太阳的活动周期是否影响地球的气候？控制这个周期的机制是什么？太阳是在变冷还是在变热？

单靠历史文献研究过去的太阳活动是很不够的，幸好大自然给我们留下了可靠的记录，那就是树木的年轮。很多人知道年轮每一圈表示树木生长一年，通过年轮可以看出自然环境和树木营养条件的变化，但知道年轮与黑子和耀斑有关的人就不多了。

来自外层空间的宇宙线和高速粒子经常与大气层中的分子发生冲突，产生一种放射性同位素——^{14}C。植物光合作用吸收二氧化碳时，一些带放射性的二氧化碳也掺杂在里面。有人检测年轮上放射性^{14}C的强度时发现，当黑子多的时候，^{14}C被吸收的数量就显著减少。科学家的解释是，太阳活动期黑子出现频繁，它们的磁场迫使一些宇宙线偏离地球。因此，大气层中产生的^{14}C也就少了。

研究年轮只能知道太阳过去的活动，那么用什么方法了解现在甚至推测将来呢？科学家建立了一门叫做"太阳地震学"的学科。他们发现，黑子最暗的中心部分磁场特别强，边缘较亮的部分（又叫半影）磁场相对较弱。极性不同的两个黑子半影偶尔也会互相吸引，融汇在一起。撞击时巨大的能量突然释放，于是产生了太阳耀斑。可惜我们不能直接收到太阳的地震波，因为太空中没有传播声音的空气和其他媒介。

这些地震波从太阳内部传到表面，因为前面无路可走，于是又被弹回内部，

太阳篇
太阳系之谜

45

太阳内部的高温又迫使它们返回表面。如果把太阳比做一个铃，地震波就像铃舌一样，不断地敲打它。这些声波虽然无法直接监测，但它们在太阳表面引起气体上下翻腾的振荡却是可以测量的。

科学家还预测，当太阳上的氢消耗得所剩无几之时，它将膨胀成一个巨大无比的红色"气球"。胀出的部分将吞没水星或许还有金星，即使地球不至于被火葬，强烈的热辐射也足以使海洋沸腾蒸干，地球上将不复有生命存在。不过，这场宇宙大劫难在 50 亿年内并不会发生，这就给科学家足够的时间揭开离我们最近的恒星的奥秘，寻找拯救地球生命的诺亚方舟。

水星篇

水星内部是什么样的

早在公元前3000年的苏美尔时代，人们便发现了水星，古希腊人赋予了它两个名字：当它初现于清晨时称为阿波罗，当它闪烁于夜空时称为赫耳墨斯。不过，古希腊天文学家们知道这两个名字实际上指的是同一颗星星，公元前5世纪的希腊哲学家赫拉克赖脱甚至认为水星与金星并非环绕地球，而是环绕着太阳在运行。

质量只有地球1/20的水星，是距离太阳最近的行星，也是最为神秘的天体之一。比如，它的内核的特性就一直是个谜。传统的观点认为，由于水星个头太小，因此在长达数十亿年的演化过程中，其内核应已冷却成固体的铁。但约30年前，"水手十号"探测器掠过水星时却惊奇地发现，水星也存在磁场，虽然强度只有地球的1%左右。要知道，金星是没有磁场的，火星和月球虽然曾经存在过磁场，但现在都已过了活跃期。

当然，存在磁场并不代表水星的内核就和地球一样是流动的，因为可能的形成机制有很多种。美国康奈尔大学的天文学家利用直接观测到的数据，证明了水星的内核至少是部分熔化的，或者说是流动的。

要判断内核是否流动，从原理上说并不困难：我们只要让鸡蛋旋转起来，一旦旋转被破坏，就很容易分辨出哪个是生的，哪个是熟的。同样，科学家们向水星表面发送雷达信号，通过精确测量回声中显示的不规则性斑点，就可以了解纵向振动的特性——由于水星的形状存在微小的不对称性，因此，在围绕太阳旋转时，会产生极小的扭曲。

研究发现，水星这一振动幅度，是全固体行星模型预测值的2倍。最可能的解释，就是水星内核的旋转速度和外壳不同，即内核是处于流动状态的。如果水星内核真是液态的话，那么，对于理解水星的形成以及演化，将具有十分重要的意义。

要在漫长的进化中保持液态，就要求水星内核材料的熔点必须足够低，即至少含有1‰的硫。但水星距离太阳是如此之近，温度太高；如果它一开始就处于现在的位置，那么在形成太阳系的原始星云中，硫根本就无法凝聚。这就意味着，水星很可能是由大量在不同轨道上围绕太阳运行的小行星体共同形成的。

目前，对于水星内核的了解还不是很完善，水星是这个神秘的行星，还有更多的秘密等着我们去探索。

为什么水星上有冰山呢

看到水星的名字，人们脑海里总会产生这样的联想：水星上面有水吗？水星和水有何关联呢？早在古代，日、月和五颗行星就能被肉眼观测到。它们在天空移动而且明亮，能发出连续不断的光，而那些遥远的星星，看来位置稳定，闪闪烁烁。我们的祖先，就给了日、月、五颗行星以特殊的位置，想象它们是主宰物质世界的化身或是天神的住地。在西方，古罗马人看到水星绕太阳公转一周的时间最少，运行得最快，所以把希腊神话中一个跑得最快的信使"墨丘利"的名字给了水星。在中国，古时盛行用阴阳五行说，把宇宙简化成阴阳两大系统，揭示自然万物的构成变化，"阴阳者，天地之道也"。为反映阴阳两大系统的动态变化，又引申出金、木、水、火、土五行的相生相克、互相承接或制约，"阳变阴合，而生水、火、木、金、土"。宇宙万物是统一的，天、地、人也是三位一体。总之，任何事物的构成变化都可以用阴阳五行说来解释。在天，就为日月星；在地，就为珠玉金；在人，为耳目口。于是，日月的名字分别又叫太阳、太阴，五大行星又可以用五行来表示，就有了现在的水星、金星、火星、木星、土星的名称。它反映了炎黄子孙特有的智慧和思维方式，是东方的精神文化之花。难怪法兰西有句格言："结论取决于观点。"行星的名字，可以反映当时的观点，流传到现在，成为人们习惯的称呼。看来，水星和水不是一回事。

从现代天文观测上看，水星上有水吗？"水手1号"对水星天气的观测表明，水星最高温427℃，最低温–173℃，水星表面没有任何液体水存在的痕迹。就算是我们给水星送去水，水星表面的高温会使液体和气体分子的运动速度加快，足以逃出水星的引力场。也就是说，要不了多久，水和蒸气会全部跑到宇宙空间，逃得无影无踪了。

水星大气中有水蒸气吗？水星上的大气非常稀薄，大气压力不到地球大气压力的一百万亿分之一，水星大气主要成分是氮、氢、氧、碳等。水星质量小，本身吸引力不能把大气保留住，大气会不断地向空中飞逸。现在的稀薄大气可能靠了太阳不断地抛射太阳风来补充。从成分上看，两者也有相似性，太阳风的大部分成分就是氢、氮的原子核和电子。从水星光谱分析来看，水星有大气，但大气中没有水。这已是普遍公认的事实了。

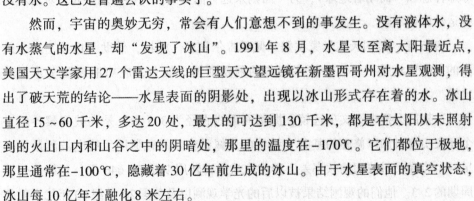

然而，宇宙的奥妙无穷，常会有人们意想不到的事发生。没有液体水，没有水蒸气的水星，却"发现了冰山"。1991 年 8 月，水星飞至离太阳最近点，美国天文学家用 27 个雷达天线的巨型天文望远镜在新墨西哥州对水星观测，得出了破天荒的结论——水星表面的阴影处，出现以冰山形式存在着的水。冰山直径 15～60 千米，多达 20 处，最大的可达到 130 千米，都是在太阳从未照射到的火山口内和山谷之中的阴暗处，那里的温度在 -170℃。它们都位于极地，那里通常在 -100℃，隐藏着 30 亿年前生成的冰山。由于水星表面的真空状态，冰山每 10 亿年才融化 8 米左右。

天文学家是这样解释水星冰山形成的：水星形成时，内核先凝固并发生剧烈的抖动，水星表面形成褶皱——高山，同时火山爆发频繁，陨星和彗星又多次相冲击，水星表面坑坑洼洼。至于水是水星原来就有的，还是后来由陨星和彗星带来的，看法上还有许多分歧。

虽然，水星有水的说法尚待证实，但有水就有生命。或许，这就是美国科学家们的新发现之所以引起学术界浓厚兴趣的最重要原因。

水星自传周期

1889 年，意大利天文学家夏帕里利经过对水星多年观测后宣布：水星的自转周期等于它的公转周期，都是 88 天；因此，它的一面总是朝着太阳（类似月球那样总以一面朝着地球），另一面则永远背向太阳。长期以来，人们对水星这种运动深信不疑。

1965 年，美国天文学家戈登·佩廷吉尔和罗·戴斯，借助于世界上迄今最大的射电望远镜——位于波多黎各的阿雷西博天文台，成功地观测了水星的自转。

这架巨型射电天文望远镜，抛物面天线直径为 305 米，是在波多黎各的一个死火山喷口加以修整的基础上设置的。佩廷吉尔和戴斯用无线电波测量了水星两个边缘反射波间的频率差，得出水星的自转周期是 58.646 天，正好是公转周期的 2/3。他们的观测结果被以后的光学观测以及美国 20 世纪 60 年代发射的"水手 10 号"探测结果所证明。从此，彻底推翻了水星自转周期为 88 天的错误观点。

科学家们认为，水星的自转速度原来可能很高，由于太阳潮汐力的作用，其自转速度才逐渐减慢至目前的状况。水星自转周期约为 59 天可以揭示出这样一个事实，水星从近日点出发，绕太阳公转一周（88 天）又回到近日点这段时间，水星本身正好自转了一圈半，换了一个面朝着太阳。也就是说，水星在绕日运行 2 圈时，它自转了 3 圈。两种周期的比例为 2:3。这种现象，在天体力学上称为自转—公转耦合现象。这种行星动力学演化的结果，为研究太阳系起源和演化提供了一个依据。

耐人寻味的是，水星上的一"天"（称为一个水星日）却长达176"地球天"，即4224小时。水星自转一周并不等于一昼夜。由上述2∶3的两种周期比例关系，决定了水星88天白昼和88天黑夜的交替更迭。也就是说，水星自转三周才完成一次昼夜循环。通过天文望远镜，人们还可以观测到水星有类似月相的变化。

水星的直径为4878千米，质量为$3.33×10^{23}$克，是地球质量的5.58%，平均密度为5.43克/立方厘米，比地球的平均密度略小，而大于其他大行星的平均密度。在过去很长时间里，人们认为水星是太阳系最小的行星。

"火神星" 为什么会失踪呢

　　水星是一颗比较难以观察到的行星。据说，提出太阳中心说的波兰天文学家哥白尼，一辈子都没有见过水星。这是因为它离太阳很近，从地球上看起来，它与太阳之间角距离很小，从不超过28°，经常淹没在太阳中，人们自然就难得一睹它的"芳容"了。

　　不过，天文学家勒威耶仔细地研究了尘封数百年的水星轨道的观测记录后，在它的"履历"中竟又发现了一件不可思议的事情：水星近日点进动明显反常。

　　什么是水星近日点进动呢？原来，当行星沿着椭圆形轨道绕太阳旋转时，它最靠近太阳的那一点（即"近日点"）会不断移动，水星近日点进动尤其明显。1859年，勒威耶根据多次观测发现所得到的水星近日点进动值，要比按照牛顿万有引力定律计算所得的理论值每世纪快38″。19世纪末，美国海军学院的纽康测得更精确的差值为43″。

　　如何合理解释这种异常现象呢？勒威耶受海王星发现的启发，大胆猜测有一颗水内行星正用"引力巨手"拉着水星在跳"交谊舞"。他根据牛顿定律预测了轨道，并命名为"武尔坎"，这是古希腊神话中火神与锻冶之神赫菲斯托斯的罗马名字。

　　勒威耶的预言如一石激起千层浪。人们争先恐后地把天文望远镜一齐指向太阳方向，人人都想成为幸运的发现者，不少人还被阳光灼伤了眼。巴黎远郊乡镇一位姓勒斯卡博的小木匠，是个狂热的天文爱好者，不久便宣称在太阳圆面上看到了未知行星的投影，还说测得它的直径为水星的1/4。接着，不少人也跟着纷纷宣布"火神星"找到了，勒威耶闻讯，欣喜若狂。

　　1859年的一天，这位巴黎天文台台长急匆匆乘着一辆马车，专程来到偏僻小镇登门求教，一时传为佳话。原本腼腆拘谨的木匠受宠若惊，转身从工棚内搬出一堆长长的厚木板，指着上面说："都在这里了。"原来他以木当纸，把观测记录和计算推导统统写在木板上。写错了，就用刨子刨一下，顺手得很。

火神星的"发现"轰动了整个欧洲，巴黎科学院召开了紧急会议，请勒威耶作专题报告。勒威耶根据木匠提供的观测资料，修正了原有的轨道数值，得出火神星直径约是水星的1/4，离太阳约2100万千米，绕太阳一周约20天，下一次在日面上出现（即"凌日"）的日期是1877年3月22日。

但是，在勒威耶预报的"火神星"凌日的那天，却不见"火神星"的踪影。当时最流行的解释是"火神星被太阳吃掉了"！勒威耶对火神星的存在坚信不疑，因为他实在想不出水星近日点进动还有其他原因。1877年9月23日，他在临终时还在叮嘱人们："千万不要丧失信心！"

除了勒威耶，不见"火神星"心不死的大有人在，其中最出名的要数德国药剂师施瓦贝。他满怀一颗火热的心在自制望远镜旁苦苦恭候了17年，真可谓是"衣带渐宽终不悔，为伊消得人憔悴"。但是"火神星"依然冷酷无情，不为所动。

1915年，爱因斯坦发表了著名的广义相对论，轻而易举地回答了困扰天文学家多年的问题。根据广义相对论，他求得水星每100年进动值为42.91″，与观测值十分接近。许多人认为，这样一来，就根本不需要请出"火神星"来解释水星的怪异行动了。

但是一些天文学家仍然不肯就此善罢甘休。1970年3月8日，一个国际观测小组在墨西哥观测日全食，报告说看到了太阳旁边有颗很亮的行星。1973年6月30日，非洲发生日全食，比利时天文学家多森和赫克在肯尼亚拍摄了20多张底片，照片显示太阳附近有一颗视星等（星的亮度等级，共分6等）为2等的天体，比水星还亮。但是这个"多森—赫克天体"从未获得国际天文学界的承认，他们认为这不过是比利时人底片上的一点瑕疵而已。1980年2月16日，我国云南省昆明出现日全食，中国科学院的日全食观测队仍然把搜寻"水内行星"作为重大课题。

1950年以来，航天技术和相关技术突飞猛进，人类已有足够条件对水星轨道内天区进行实地探测。

1973年11月，美国专门发射了一艘"水手10号"宇宙飞船去找水内行星，在那里找了整整一年之久，结果徒劳而归。

1976年1月，联邦德国和美国联合发射了"太阳神2号"太空探测器，到达离太阳约0.3天文单位处，进入日心轨道成为人造行星。然而，还是不见火神星的一点踪影。

多少年过去了，火神星的存在与否依然是一个未解的谜。

水星上的磁场之谜

据外国媒体报道，科学家最新研究发现，在最接近太阳的水星内部存在熔融状液体。而他们的研究方法与厨师判断一个鸡蛋是生还是熟的方法相类似。

这项发现有助于解释几年前人们所发现的为什么水星会具有一个小型磁场。

到目前为止，近距离探测过水星的只有美国宇航局的"水手10号"宇宙飞船，它于1974～1975年飞过水星，并记录下了水星微弱的磁场，但科学家认为由于水星体积很小，因此它的内部早就已经凝固了。而通常人们认为，与地球一样，如果要产生磁场，它就必须要有一个融化的内部。例如月球和火星，在远古时期它们都曾存在巨大的磁场，但后来都消失了。

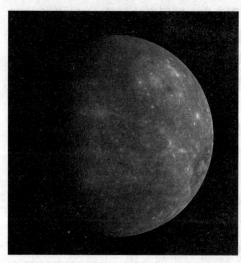

美国宇航局于2004年8月发射的水星探测器"信使"（Messenger），与此同时，由康奈尔大学的天文学助理教授Jean Luc Margot带领的一个研究小组也在对水星的内部进行研究。

厨师想要知道一个鸡蛋是生的还是熟的用的方法往往是旋转鸡蛋，煮熟的鸡蛋因为内部是固态的，它能够平稳地旋转，生鸡蛋因为内部是液态的，因此它旋转的时候就会摇晃。

当然，水星虽然小，但研究人员也不可能去旋转它。但是，他们通过使用位于加利福尼亚、波多黎各以及西弗吉尼亚的太空望远镜对水星的运动进行了仔细的研究。

他们向水星发送强雷达信号，然后在分隔很远的地点接收到反射，这些反

射展现出了一些独特的斑点式样，反映了水星表面的凹凸不平。通过测量一个特殊的斑点多久在另一个地点再次出现，他们可以计算出水星的旋转率，而且可以精确到十万分之一。

这项观察已经进行了 5 年，科学家测算出了水星旋转时的摆动情况，又叫天平动（Libration），是由太阳引力所引起。他们发现，测算出的水星的天平动是原先认为的水星内部完全是固态时的天平动的两倍，而它正好与一个外核是融化的而且绕其外壳旋转的天体的天平动相匹配。

不过，对于这种说法，有些科学家并不认同。他们认为这些只是推测，在没有找到其他更为坚实的证据之前，最好还是不要过早地下结论。

由此看来，水星磁场究竟是怎样产生的？为了弄清楚这个问题，我们或许应该对产生地球磁场的机制做更加深入的了解和研究，当然，水星磁场也有可能是某种我们从来没有想过的原因造成的，有待进一步地探讨。

水星并无水

在古罗马神话中，水星的名字来自罗马神墨丘利（赫耳墨斯），就是"商业之神"的意思。他是罗马神话中的信使，水星是商业、运输和防盗之神。

水星是最靠近太阳的行星，它的直径为487千米，体积仅是地球的5.62%，约18颗水星合起来才抵得上一个地球。水星上却可能存在固态的水。1991年，科学家在水星北极地区观测到一个亮斑。据推测，这个亮斑可能是贮存在水星表面或地下的冰反射了太阳光而形成的。

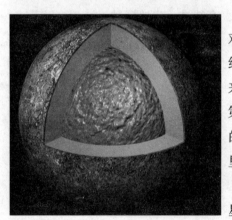

众所周知，太阳系有8颗大行星，但对于是否还有其他行星存在，人们意见始终不统一。天文学家根据各种数据计算出来的结论显示，在冥王星之外很可能存在第9颗大行星，但至今还没有观测到这样的天体。那么这颗神秘的星体究竟在哪里，还有待人们进一步的发现和证明。

我们的祖先根据"五行"命名的水星，并不是因为水星上有水，才命名为水星。事实上，水星上是没有液态水的。原因有二：

第一，在行星中水星距离太阳最近，由于受到太阳的引力作用太大，因此它围绕太阳旋转很快。水星自转使得水星总是保持相同的一面朝着太阳，另一面背着太阳，无昼夜之分。朝向太阳的一面，温度高达400℃以上，有水也会蒸发掉；而背着太阳的一面，温度则非常低，液态的水很难存在。

第二，水星是太阳系中最小的行星，自身的引力很小，很难吸引住周围的大气，因此也就很难保留任何液态水了。

水星地表是灰色的，与月球表面相似，它的表面有许许多多陨石撞击后留下的环形山和一些裂缝。

探测水星未解之谜

离太阳最近的水星与太阳的平均距离为 5790 万千米，约为日地距离的 0.387，是距离太阳最近的行星，到目前为止还没有发现过比水星更近太阳的行星。

水星轨道速度最快。它离太阳最近，所以受到太阳的引力也最大，因此在它的轨道上比任何行星都跑得快，轨道速度为每秒 48 千米，比地球的轨道速度快 18 千米，这样快的速度，只用 15 分钟就能环绕地球一周。

水星一"年"时间最短。地球一年绕太  阳公转一圈，而"水星年"是太阳系中最短的年。它绕太阳公转一周，只用 88 天，还不到地球上的 3 个月，这都是因为水星围绕太阳高速飞奔的缘故。难怪代表水星的标记和符号是希腊神话中脚穿飞鞋，手持魔杖的使者。

水星表面温差最大。因为没有大气的调节，距离太阳又非常近，所以在太阳的烘烤下，向阳面的温度最高时可达 430℃，但背阳面的夜间温度可降到 -160℃，两面温差近 600℃，夺的行星表面温差最大的冠军，这真是一个处于火和冰之间的世界。

水星是卫星最少的行星。太阳系中现在发现了越来越多的卫星，但只有水星和金星是卫星数最少，或根本没有卫星。

水星一"天"时间最长。在太阳系的行星中，水星"年"时间最短，但水星"日"却比别的行星更长，水星公转一周是 88 天（地球日），而自转一周是

58.646 天（地球日），地球每自转一周就是一昼夜，而水星自转三周才是一昼夜。水星上一昼夜的时间，相当于地球上的 176 天。与此同时，水星也正好公转了两周。因此人们说水星上的一天等于两年，地球人到了水星上该多么不习惯。

水星南北极的环形山是一个很有可能适合成为地球外人类殖民地的地方。那里的温度常年恒定（大约-200℃），这是因为水星微弱的轴倾斜以及基本没有大气，所以从有日光照射部分的热量很难携带至此，即使水星两极较为浅的环形山底部也总是黑暗的，适当的人类活动将能加热殖民地以达到一个舒适的温度，周围一个相比大部分地球区域来说较低的环境温度将能使散失的热量更易处理。

当水星走到太阳和地球之间时，我们在太阳圆面上会看到一个小黑点穿过，这种现象称为水星凌日。道理和日食类似，不同的是水星比月亮离地球远，直径仅为太阳的 190 万分之一。水星挡住太阳的面积太小了，不足以使太阳亮度减弱，所以，用肉眼是看不到水星凌日的，只能通过望远镜进行投影观测。水星凌日每 100 年平均发生 13 次。最近一次凌日是在 1999 年 11 月 16 日 5 时 42 分。

水星的半径为 2440 千米，是地球半径的 38.3%。水星的体积是地球的 5.62%，质量是地球的 0.05。水星外貌如月，内部却像地球，也分为壳、幔、核三层。天文学家推测水星的外壳是由硅酸盐构成的，其中心有个比月球还大的铁质内核。水星凌日，发生的原理与日食相似。由于水星和地球的绕日运行轨道不在同一个平面上，而是有一个 7°的倾角。因此，只有水星和地球两者的轨道处于同一个平面上，而日水地三者又恰好排成一条直线时，才会发生水星凌日。地球每年 5 月 8 日前后经过水星轨道的降交点，每年 11 月 10 日前后又经过水星轨道的升交点。所以，水星凌日可能发生在这两个日期的前后。

在人类历史上，第一次预告水星凌日是"行星运动三大定律"的发现者，德国天文学家开普勒（1571～1630 年）。他在 1629 年预言：1631 年 11 月 7 日将发生稀奇天象——水星凌日。到那时，法国天文学家加桑迪在巴黎亲眼目睹到有个小黑点（水星）在日面上由东向西徐徐移动。从 1631 年至 2003 年，共出现 50 次水星凌日，其中，发生在 11 月的有 35 次，发生在 5 月的仅有 15 次。

金星篇

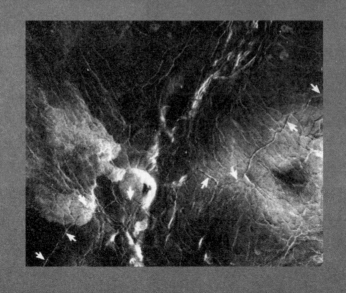

金星未解之谜

在太阳系中，金星是离地球最近的一颗行星，它与地球的体积差不多，半径为6070千米，是地球半径的0.95，绕太阳运行一周需要225天。由于它离地球最近，因此在历史上就格外受人重视。的确，金星与太阳系的其他行星有很大的不同之处，它的公转与其他行星方向正好相反，唯有从金星上看太阳是从

西面升起来的。再者，每当金星接近地球的时候，总是以同一面面对着地球，永远也不让人们看到它的另一面，这与月球十分相似。中国古代天文学中的启明星、长庚星都是指金星，有"东有启明，西有长庚"的说法，因为金星总在太阳附近，所以早晨伴太阳从东方升起，傍晚随着太阳沉入西方，而且它的亮度很大，极易引起人们的注意。现已发现的玛雅文化和古代美洲文

化中，对金星的天文历算都十分精确，有些甚至让人吃惊，他们还有专门观测金星的古天文台以及各种建筑，为什么美洲人在天文历算中这样注意金星？现在还没有一个确切的解释。有人把金星称为地球的妹妹，这位妹妹却是一位非常害羞的姑娘，她终年用厚厚的面纱——大气层，把自己裹得严严实实，使人们很难了解她的"庐山真面目"。正因为如此，几百年来，在金星白云披覆下的，究竟是怎样神秘的世界？这引起了天文学家热烈的争论。

1950 年，美国科学家提出了一个假说，认为金星最初是一颗彗星，在太阳与木星之间反复旅行，当它经过地球的时候曾给地球带来了巨大的灾难，像洪水、火山、陨石等。大约在 3000 万年前，金星与火星发生了碰撞，占据了现在这条轨道，但目前在科学界有许多人不承认这一假说。

有些天文学家认为，金星上存在着一个红色的世界。在这里，草地是红的，灌木丛是深红色的，最茂盛的红汁藤本植物……有些科学家却完全反对这种无根据的猜想，他们认为，和月球一样，金星也是一个阴森森的世界，处处耸立着黑色的山岳，黑的峡谷，峡谷里刮着灼热的风，空气里充满着二氧化碳和灰尘的微粒。究竟谁对谁错，这个"金星之谜"的争论，足足从整个 19 世纪持续到 20 世纪。

20 世纪中叶以来，随着外层空间技术的发展，人类开始有计划地探测金星。1960 年，美国首先发射了"先驱者 5 号"对金星进行考察。次年，苏联发射了"金星 1 号"。到 1981 年，双方共发射了 20 多个探测器。通过这些探测器的实地考察，人们终于清楚了：金星确实是个无生命的死球，它的大气层里充满二氧化碳和硫酸云，温度高达 500℃，在金星上到处存在着险峻的山脉和深深的峡谷，有些裂口宽至 300 千米，深达 6 千米。

流光溢彩的金星

太阳系中离地球最近的金星是一颗美丽的行星，它时而出现在黎明的霞光中，时而又沐浴在落日的余晖里，以致古人曾以为它是两颗星！

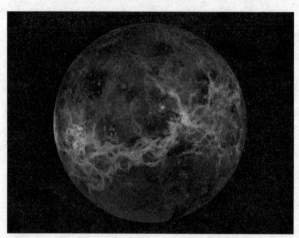

金星的美丽，主要在于看上去晶莹夺目，金光闪闪。究其原因，金星的周围被浓密的大气包围着，这层大气把75%以上的日光反射掉，而且主要是反射红色与橙色的光。同时，这层大气也像姑娘的面纱一样，把金星裹得严严密密，不让人们看清它的"庐山真面目"。由于总有一层"面纱"的掩盖，人们不能指望探测器能像阿波罗飞船观测月球一样，把金星的真面貌看个一清二楚。然而，"先驱者"号通过雷达，还是把金星的概貌描绘出来了。雷达测量表明，金星上没有海，也没有水，可是有高原，有山峰，有环形山。而且金星上的高原很大，其中最大的有地球上半个非洲大，在赤道上逶迤9600千米。位于金星北半球有一个最高的高原，比南半球表面高出了5000米，其中东部山脉有个被取名为麦克斯韦峰的高峰，高达10 590米，高耸入云霄。已发现的环形山，直径从50～250千米不等。由于大气层阻止了小陨星直接冲撞金星表面，科学家认为这些环形山造成的原因，主要是火山爆发。在赤道附近的火山口，明显有火山活动的痕迹。金星的面纱已逐步被人类揭开了。

金星上为何有废墟呢

　　据人类目前所知，相对于火星来说，金星的自然环境要严酷得多。金星表面温度高达500℃，大气中的二氧化碳占到90%以上，时常降落狂暴的具有腐蚀性的酸雨，还经常刮比地球上12级台风还要猛烈的特大热风暴。金星的周围是浓厚的云层，以至于20余年（1960～1981年）间从地球上发射的近20个探测器仍未能认清其真实面目。

　　20世纪80年代，美国发射的探测器发回的照片显示金星上有大量城墟。经分析，金星上共有城墟两万座，这些城墟建筑呈"三角锥"形金字塔状。

　　每座城市实际上只是一座巨型金字塔，门窗皆无，可能在地下开设有出入口；这两万座巨型金字塔摆成一个很大的马车轮形状，其圆心处为大城市，呈辐射状的大道连着周围的小城市。

　　研究者认为，这些金字塔式的城市可以有效地避免白天的高温、夜晚的严寒以及狂风暴雨。

　　前苏联科学家尼古拉·里宾契诃夫在比利时布鲁塞尔的一个科学研讨会上首次披露了在金星上发现城墟的消息。1989年1月，苏联发射了一枚探测器。该探测器带有能穿透浓密大气的雷达扫描装备，也发现了金星有两万座城墟这一重大秘密。刚开始的时候，人

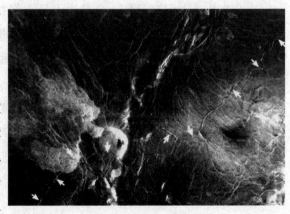

们还不敢断定这就是城墟，认为可能是探测器出了问题，也可能是大气层干扰造成的海市蜃楼的幻象。但经过深入研究，人们确信这些是城市的遗迹，并推测是智能生物留下来的。不过，这些智能生物早已绝迹了。

里宾契诃夫博士在会上指出，我们渴望弄清分布在金星表面的城市是谁造的，这些城市是一个伟大的文化遗迹。这位前苏联科学家详细地介绍说："在那些以马车轮的形状建成的城市的中间轮轴部分就是大都会。根据我们推测，那里有一个庞大的呈辐射状的公路网将其周围的一切城市连接起来。"他说："那些城市大多都倒下或即将倒塌，这说明历史已经很悠久了。现在金星上不存在任何生物，这说明那里的生物已绝迹很久了。"

由于金星表面的环境极差，因此不具备派宇航员到那里实地调查的条件。但里宾契诃夫博士强调说，苏联将努力用无人探险飞船去看清楚那些城市的面貌，无论代价多大，都在所不惜。

而在 1988 年，苏联宇宙物理学家阿列克塞·普斯卡夫则宣布：金星上也存在"人面石"，这一点与火星一样。联系到金星上发现的作为警告标志的垂泪巨型人面建筑——"人面石"，科学家推测，金星与火星是一对难兄难弟，都经历过文明毁灭的悲惨命运。科学家还说，800 万年前的金星经历过地球现今的演化阶段，应该有智能生物的存在。后来，金星中的大气成分中二氧化碳越来越多，以至于温室效应越来越强烈，进而使得水蒸气散失，也最终使得金星的环境不再适合生物的生存。

迄今为止，人们在月球、金星、火星上都找到了文明活动的遗迹和疑踪，甚至在距离太阳最近的水星的表面也有一些断壁残垣被发现。地球、月球、火星、金星上都存在金字塔式的建筑。人们将这些联系起来后认为，地球并不是太阳系文明的起点，而是其终点。

倒塌的金星城市中，究竟隐藏着什么秘密呢？那个垂泪的人面塑像到底是否经历了金星文明的毁灭呢？由于这实在太令人捉摸不透了，看来只有等待人类未来的实地探测才能查明真相，但愿这一天能尽早到来。

难以解释的金星大海之谜

金星，在中国民间称它为"太白"或"太白金星"。古代神话中，"太白金星"是一位天神。古希腊人称金星为"阿佛洛狄忒"，是代表爱与美的女神。而罗马人把这位女神称为"维纳斯"，于是金星也被称为维纳斯了。

由于金星同地球有相似的自然条件，大小、质量和密度都差不多，同时还有含水汽的大气。所以人们推测，金星上可能有大海，如果有大海的话，就可能有生物存在。20世纪70年代，苏联的"金星号"系列飞船在金星上着陆，从而推翻了金星上有大海的假说。

尽管如此，但人们并没有死心，到了20世纪80年代，这一问题又被提了出来。重新提出这一问题的是美国科学家波拉克·詹姆斯。他认为金星上确实存在过大海，不过后来又消失了。他还分析了大海消失的原因。

第一种可能是太阳光将金星上的水蒸气分解为氢和氧，氢气因重量轻而纷纷背叛了金星。

第二种可能是在金星的早期，它的内部曾散发像一氧化碳那样的还原气体，由于这些气体与水的相互作用，把水分消耗掉了。

第三种可能是由于金星上大量的火山爆发，大海被炽热

的岩浆烤干了。

还有一种可能是水源来自金星内部，后来又重新归还原处。

美国密执安大学的科学家多纳休等人在波拉克·詹姆斯的基础上，又提出了新的看法。他们认为，太阳的早年并不像现在这样亮和热，太阳每秒的辐射热量要比现在少30%，金星的气候也就不像现在这样热了。有了适宜的气候，大海也就应运而生，生物也就有可能在大海里繁衍生息。可后来，太阳异常地热了起来，加上金星一天等于地球117天的缓慢运转。经不起烈日的酷晒，金星上的大海就这样被烤干了。

后来，又有人对金星大海提出了不同的看法。美国衣阿华大学的科学家弗兰克认为，金星根本就不曾存在过大海，经金星探测器的探测表明，金星大气是由不断进入大气层的彗星核造成的。1986年空间飞船通对哈雷彗星的探测表明，彗星核的主要成分是冰水。

看来，金星大海问题又成了一个意见不统一的未解之谜。

金星卫星是如何消失的

金星有卫星吗？这是一个科学家们探索了许多年的谜题。

1672 年，当时最优秀的天文学家之———卡西尼观测到一个离金星十分近的天体。为了稳妥起见，卡西尼决定先不把他的发现公之于世。但 14 年后，在 1686 年，他再次观测到了这个天体，于是他把这一发现写入了自己的日记。据估计这个天体的直径约为金星直径的 1/4，并且与金星有相同的相位。

后来，这个天体又被其他天文学家观察到：James Short 在 1740 年，Andreas Mayer 在 1759 年，J. L. 拉格朗日在 1761 年（拉格朗日宣布这颗卫星的运行轨道面与黄道面垂直）都分别看到了它。

在 1761 年的一年中，它被 5 位观察者总共观测到 18 次。在 1761 年 6 月 6 日，Scheuten 的观察经历尤其有趣：他看到金星沿着自己的轨道围绕太阳公转，在一侧有一个较小的黑点跟着它一起运行。但在英国切尔西的 Samuel Dunn，这位同时看到这一景象的人却没有发现那个黑点。在 1764 年两个观察者一共 8 次观测到这个天体。其他的观察者却没有看到这颗卫星。

当时天文学界存在一个争论，在一些人报告看到这颗卫星的同时，却也有不少人花了很大工夫却仍没有发现它。1766 年，维也纳天文台的负责人 Father Hell 发表了一篇论文，提出那些自称看到金星卫星的人所看到的不过是视觉幻觉而已——因为金星的光太强烈，从望远镜再到人眼中，就形成了一个较小的叠影。其他人却发表论文说人们所看到的卫星是真实存在的。

1777 年，德国的 J. H. Lambert 在柏林公布了这颗卫星运行轨道的有关数据：轨道半径为 66.5 个金星的半径长，运行周期为 11 天又 3 个小时，与黄道的倾斜角为 64°。他还预测可在 1777 年的 7 月 1 日当金星通过太阳时看到它。后来证明，在 Lambert 的计算中有错误：那颗卫星与金星之间的距离，相当于月球

到地球的距离。而金星的质量只比地球小一点，其卫星的运行周期却只为月球绕地球周期的 1/3 多，这显然是不正确的。

1768 年，在哥本哈根的 Chrisdan Horrebow 也曾看到过这颗卫星。当时也有 3 个观测者，其中包括最伟大的天文学家之一的威廉·赫歇耳，但 3 个人都没有发现这颗卫星。后来在 1875 年，德国的 F. Schorr 出版了一本有关这颗卫星事件的书。

1884 年，英国皇家天文台的前负责人，M. Hozeau 提出了另一种假设。在分析各项数据的基础上，他提出所谓的金星的卫星大约每隔 2.96 年出现在邻近金星的区域。他认为这并不是金星的卫星，而是一颗行星，每 283 天绕太阳运行一周，而与金星每 1080 天交会一次。Hozeau 还把它命名为 Neith，而它也从此不再具有神秘感了。

1887 年，也就是在 Hozeau 解开"金星卫星"之谜 3 年之后，培根学院发表了一份报告，上面详细报道了每一次观察的调查报告及各种细节。一些观察看到的只是金星附近的恒星。特别是 Roedkier 的观测被证实是由于接连地把 ChiOfionis，MTaufi，710rionis 和 NuGeminorum 误认为是卫星而造成的。至于 James Short 是看到了一颗比 8 等星稍暗的恒星。由此，勒威耶和 Montaigne 的观测便可以解释了。Lambert 的轨道相关数据的计算也可被推翻了，而 1768 年 Horrebow 的观测结果也可归于塞塔图书馆了。

在这篇调查报告出版后，只有一个新观测被公布。E. E. Barnard 很早就开始观测，却从未看到过 Neith。可在 1892 年的 8 月 13 日，他报告在金星附近发现一颗相当于 7 等星的天体。据他说，在这个方位，没有恒星，而且他的视力又是众所周知的好。

不过，我们仍无法知道他看到的到底是什么，是一颗还未标明的小行星，还是一颗短命的新星呢？一切都在未定之中！

戴面纱的星星——金星

天亮前后，东方地平线上有时会看到一颗特别明亮的"晨星"，人们叫它"启明星"；而在黄昏时分，西方余晖中有时会出现一颗非常明亮的"昏星"，人们叫它"长庚星"。这两颗星其实是一颗，即金星。金星是太阳系的八大行星之一，按离太阳由近及远的次序是第二颗。它是离地球最近的行星。

除太阳和月亮之外，金星是全天最亮的星，亮度最大时为4.4等，比著名的天狼星（除太阳外全天最亮的恒星）还要亮14倍。金星没有卫星，因此金星上的夜空没有"月亮"，最亮的"星星"是地球。由于离太阳比较近，所以在金星上看太阳，比地球上看到的大1.5倍。

有人称金星是地球的孪生姐妹，确实，从结构上看，金星和地球有不少相似之处。金星的半径约为6073千米，只比地球半径小300千米，体积是地球的0.88，质量为地球的4/5；平均密度略小于地球。但两者的环境却有天壤之别：金星的表面温度很高，不存在液态水，加上极高的大气压力和严重缺氧等残酷的自然条件，金星不可能有任何生命存在。因此，金星和地球只是一对"貌合神离"的姐妹。

金星大气中，二氧化碳最多，占97%以上。同时还有一层厚达20~30千米的由浓硫酸组成的浓云。金星表面温度高达465~485℃，大气压约为地球的

90 倍。

　　金星的自转很特别，自转方向与其他行星相反，是自西向东。因此，在金星上看，太阳是西升东落。它自转一周要 243 天，但金星上的一昼夜特别长，相当于地球上的 117 天，这就是说金星上的"一年"只有"两天"，一年中只能看到两次"日出"。金星绕太阳公转的轨道是一个很接近正圆的椭圆形，其公转速度约为每秒 35 千米，公转周期约为 224.70 天。

地 球 篇

2900km

5100km

6378km

内核

中心

外核

地幔

人类的摇篮——地球

地球是什么形状的？她来自哪里？早在 170 万年前，人类就对自己的家园——地球，产生了各种美丽的遐想，编织成许多绚丽多彩的传说。中国古代就有盘古开天辟地的故事，古希腊神话讲开天辟地时，传说宇宙是从混沌之中诞生的，最先出现的神是大地之神——该亚。天空、陆地、海洋都是由她而生，因此人们尊称她为"地母"。

地球已经是一个约 46 亿岁的老寿星了，她起源于原始太阳星云。约在 30 亿~40 亿年前，地球已经开始出现最原始的单细胞生命，后来逐渐进化，出现了各种不同的生物。地球的平均赤道半径为 6378.14 千米，比极半径长 21 千米。

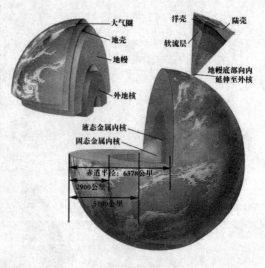

地球的内部结构可以分为三层：地壳、地幔和地核。在地球引力的作用下，大量气体聚集在地球周围，形成包层，这就是地球大气层。

地球就像一只陀螺，沿着自转轴自西向东不停地旋转着。她的自转周期为 23 小时 56 分 4 秒，约等于 24 小时。同时，地球还围绕太阳公转，她的公转轨道是椭圆形，轨道的半长径达到 149 597 870 千米。公转一周要 365.25 天，为一年。

地球的寿命之谜

据地质学家推测，地球已存活了约 46 亿年。但它到底能活多久呢？科学家们认为，若任凭地球自由自在地运转，恐怕它会永远存在下去，但要是有别的外来因素干扰它，地球就可能有寿终正寝之时。

外来因素首先是太阳，因为它是离地球最近的、能够左右地球命运的星球。也就是说，地球上一切能源、动力都来自太阳，太阳一旦有个三长两短，势必殃及地球。20 世纪 30 年代以前，人们一直以为太阳总有一天会燃尽炼绝，由白转橙再变红，最后变成一颗万籁俱寂的黑暗星体，了却其灿烂辉煌的一生。

到了 20 世纪 30 年代，当物理学家了解到了太阳发光发热的奥秘后，情形就大不相同了。原来，太阳的能量来自于它的热核反应，太阳的一生将度过引力收缩阶段、主序星阶段、红巨星阶段以及致密星阶段。其中主序星阶段是太阳的稳定时期。这一阶段将持续 100 亿年。目前太阳只度过一半时间，正处于中年时期。一旦太阳到了红巨星阶段，那么地球的末日也就来临了。当然，这是几十亿年以后的事。

除了太阳对地球的干扰之外，还有没有其他因素呢？有的科学家认为，太阳可能有一个兄弟——太阳的伴星，这颗伴星日夜不停地绕日运行，每隔 2600 万年，就会转到离太阳最近的地方来"兴风作浪"，它的强大引力将引起众多彗星的大扰动，有 10 亿颗彗星将在太阳系内横冲直撞，地球和其他行星都将成为这些彗星的"靶子"。如果与地球相撞的彗星的质量足够大，那后果就不堪设想：轻者生物灭绝，生态剧变；重者山崩地裂，地球"粉身碎骨"。然而，这颗可能会给地球带来不测的太阳伴星并没有被人们发现，不过许多科学家是相信它的存在的。

究竟地球将受到来自空间哪一方的打击而遭毁灭？地球何时寿终正寝呢？

地球未来动向揭秘

天圆地方，太阳绕着地球转的观念统治了几千年的人类文明史，直到500年前，哥白尼将这颠倒了的概念纠正过来，至此，我们才有了一幅太阳中心说的图景。过了近三个世纪，1718年，天文学家哈雷把人类的视野和认识又深入了一个层次。他在研究星空时，将天狼星、大角星、毕宿五等星的位置跟托勒密（希腊著名天文学家）星表相对照。他颇为惊讶的是，原来这些恒星都在运动。这一发现打破了星体是"钉"在宇宙中的古老说法。

到了20世纪10年代，沙普利基本上完善了银河系的模型，这是人类在认识上的又一进步，尽管对银河系的探索始于18世纪的赫歇尔。同时，天文学家曾多次认证了恒星具有一个普遍的运动，并把这种运动与银河系的模型相结合，说明了太阳和其他恒星都围绕着银河中心运转。现在人们认为，银河系的跨度至少有10万光年，现拥有2000亿个太阳质量。到了20世纪60年代，天文学家告诉我们，银河系跟近旁的星系，形成了一个大家庭，称本星系群，它积集了20个星系。与此相类似，在本星系群周围的天域，其他的星系也有这样的集聚，一般称星系团。这种星系团在更大的尺度上形成超星系团。我们属于一个名叫室女超星系团的大天域。在这里约团聚了10万个星系。真是天外有天，天上有天，一层套一层。

在这样的宇宙结构中，地球又是怎样运动的呢？地球一方面以约30千米/秒的速度绕太阳而行，另一方面它与整个太阳系一起，以每秒约250千米的速度围着银河系中心运转，现在它正朝着天鹅座方向奔去，而银河系与本星系群一起以约600千米/秒的速度向长蛇座方向飞驰，室女超星系团和其临近的三个超星系团，都被某个未见到的巨大天体所牵动。但覆盖在所有各种天体运动之上的，是宇宙膨胀运动。如此繁纷复杂的天体运动图景，不禁使人感到宇宙是如此浩瀚，人类的智慧又是那么高超。可是十分意外，这幅画面后来却被捅了一个大洞。1986年，伯尔斯汀等7位科学家发现了一个所谓的南向天体流。原来室女超星系团连同它近旁的 3 个超星系团，却以 700 千米/秒的高速向南飞去，就像有一只看不见的巨手，把它们猛拉过去。

这一发现对科学界来说是个不小的震动，它威胁到目前流行的大爆炸宇宙论。因为"南流"的一个最可能的解释是，在长蛇半人马超星系团之外，可能隐藏着一个巨大的物质积聚，这对宇宙学家来说，颇为意外，并很难解释。长期以来他们认为，宇宙在大尺度上是平滑的，物质分布是均匀的。后来又认识到，宇宙的结构要比原先想象的复杂得多，不仅星系结成星系团、超星系团，而在星系团之间镶以巨大的空穴，形成一种纤维状结构。而今又观测到，能把几个超星系团拉着跑的巨大物质积聚，这使得宇宙物质成团性的尺度，超出了现行理论的范围。

按大爆炸宇宙论，宇宙起源于 150 亿年之前的一个高温、高密度火球的爆发，然后一直膨胀至今。美国天文学家哈勃在 20 世纪 20 年代观察到所有的星系都在退行，为膨胀宇宙找到了第一观测证据。人们以 Ho 值表示宇宙膨胀速度。目前对 Ho 值有两种估算。一种是 Ho = 50 千米/秒/百万秒差距，它的意思是，当观察者向深空望去，每深入百万秒差距（约330万光年），星系的退行速度就会因宇宙膨胀而加快 50 千米；另一种则为是 100 千米/秒/百万秒差距。Ho 值之所以难以确定，实在是星系运动太复杂了。

如果宇宙物质分布是完全均匀的，星系严格地遵守哈勃定律退行，那么 Ho 值的测定也不难了。可是真实宇宙并非十分均匀，故星系也不能够严格地服从哈勃定律。绝大部分星系都属于星系团，而后者又属于超星系团，且形成纤维状结构或"哈勃泡"，延展 10 亿光年左右。物质分布的这种非均匀性，使得宇宙动力学复杂化。对于宇宙膨胀来说，星系间的引力作用，起到了一种刹车的效果。故观测局部天域，看不出纯"哈勃流"，只是得到一个减速的膨胀率。若我们在更大范围上来看，譬如越出本星系群，立刻可见到宇宙膨胀的效应，但这还是打了折扣的，因为近旁还有无数星系，免不了受到自身引力网的纠缠，一旦跨出室女超星系团的范围，即在超星系团际的水平上，就能看到哈勃流，

也即纯宇宙膨胀速度。而南向天体流也就是在这里露面的。

1986年，一批专家分析了室女超星系团之外的96个星系的数据，似乎有一个南向天体流，其速度在500千米/秒左右。这令人吃惊的，倒不是其速度，而是其方向。这表明，这些超星系团受到其他力的影响，从而形成了叠加在宇宙膨胀之上的一种运动。不过当时科学界对这些发现反应冷淡，把它看做是一种取样偏差所造成的后果。可是如今据"南流"的数据来看，它丝毫无误。伯尔斯汀等人研究了约400个椭圆星系，并观测到室女超星系团及其附近的超星系团都向南漂流，其速度在700千米/秒左右。

一些理论家认为，这一南流的起源可能来自一个宇宙性的物质结聚的引力，果真如此，则寻找它的庐山真面目，眼下还较困难，因为这一南流矢量处在银河平面之后，可见光被其所阻，当然，用其他的电磁辐射探测手段还是可行的。

还有一种看法是，我们的室女超星系团及其邻居皆从属于某个特超星系团而后者又是一个还要大的特大超星系团的一部分，也就是说，天外还有天，而这个天，我们迄今尚不知悉。曲莱隆打算记录南流矢量附近的1400个星系的红移值，以查明那里是否存在着一个超密的星系结聚，以及它们是否显出速度异常。如果确实如此，那将说明确有特超星系团这样的更大宇宙结构。

也有较少的研究者提出相反的看法：南流并不威胁膨胀宇宙的理论，哈勃流仍是宇宙的主宰，因为这种南流的速度不会超过宇宙膨胀率的15%。但他们承认，这的确使得现行的宇宙演化理论复杂化了，很明显，宇宙在大尺度上是均匀的。这个证据主要来自宇宙微波背景辐射，因它具有99.8%的各向同性。按理论，这一辐射是宇宙原始大爆炸的余晖，若宇宙在大尺度上是不均匀的，那么势必在这一辐射的不同角度上显出差异。但同样明显的是，宇宙的不均匀性，要比过去理论家所推测的大得多。这一事态，使科学家处在宇宙的均匀性与成团性的两种观点之间。

也许人们一直考虑的暗物质，能伸出解围之手，它们可能是一些大量的、奇怪的亚原子粒子；也可能是宇宙绳，它早已把原始物质吸积成特超星系的凝乳，或者是以超对称弦构成的影子宇宙，正牵着我们向它奔去。

所有这些都是可能的，有待于进一步的探索，我们可能正处在一个大突破的前夜，有幸能看到科学界找出的答案。

为何说地球是太阳系中的幸运儿

如果给我们一个原始的地球，那么所有现在的生命几乎都无法生存。可以说，是一代一代的生命支撑起今天的蓝天白云。在地球约46亿年的生命进程中，存在过无数的生命的尸体构成了我们立足的基石。

这么说并不过分，因为在我们脚下的土地中，含有大量的碳酸钙，著名的喀斯特地貌就是最典型的碳酸钙地貌，它们能够被雨水侵蚀出诸如桂林山水那样的美丽风景。这当中，碳酸钙就是生命的尸体，否则它们就是二氧化碳。因为在自然界中，二氧化碳是不能被无机物吸收的。假如地球上没有生命，地球就是一颗充满二氧化碳的星球；或者说，地球上曾经有过的二氧化碳是今天的约20万倍。

这就意味着，地球早期的气温比现在高100℃多。在太阳系里，最有可能拥有生命的，除了地球就应该是金星了。因为它的大小和地球几乎完全一样，也就是说，它的引力和地球一样。前面我们说到的水的存在条件，金星上也应该都具备。也许，金星就是一个备用的地球，这在宇宙中大概是不多见的。也许就是因为同时有地球和金星这两颗几乎完全相同的星球，最终在太阳系出现了生命。

当然，最终的幸运属于我们。但是，如果生命选择了金星，那也无可厚非，而这只取决于太阳的状态。假如我们的太阳比现在要小一些，那么很有可能幸运的就是金星，而不是地球。

所谓太阳的状态，就是指它的温度和引力。现在的太阳的温度对于金星显然是太热了一些，而对于地球就非常合适。然而，太阳只要温度变化一点点，大约20℃，它就会变得对金星合适而对地球不合适了。所谓温度变化，就是太阳的质量的大小，只要太阳比现在小1/10，那么今天就可能是金星上的生命研

究地球了。

地球和金星在温度上的差异可能就是一场雨，因为早期地球的表面温度也不低，但是那些在厚厚的大气中游荡的水分子还是得到了机会落到地表上。尽管46亿年前的地球上雨水几乎像热水浴一样，但毕竟是落下来了。而且，由于当时地球上的二氧化碳非常浓，地球的大气压也远比今天高得多，所以水要达到150℃以上才会沸腾。

总之，早期的地球到处都是"火锅"，而早期的生命和有机物就在这种情境中开拓混沌。这是一些多么坚强的生命啊！生命的立足太重要了。一旦生命开始在早期地球的火烫的地面上挣扎，地球的命运就要由它们说了才算。

这些生命的最大特点就是"吃"二氧化碳，这是它们唯一的食物，而阳光就是使它们能够消化二氧化碳的干酵母。在光合作用下，二氧化碳被分解成早期生命需要的碳和不需要的氧。

正是这一简单的分离，46亿年之后，宇宙中的智慧生命就诞生了。早期生命不断吞噬二氧化碳，这丰富的资源使地球的早期生命繁衍得很快。从今天的地貌来看，喀斯特地形非常普遍，也就是说，早期的二氧化碳几乎把如今的地球上装修了一层地板。我们就站在这层二氧化碳的地板上眺望蓝天白云。

也许就是第一场雨没有落到金星上，这场至关重要的雨可能落到离其地面还有几十米的时候就蒸发了。就差这么一点点，金星的生命连挣扎的机会也没有了。因为再坚韧的生命也总是需要一个起码的条件：水。哪怕这水是加了"火锅"里的各种辛辣佐料的水。

地球神秘地心

在中学地理课本中，我们了解到地球由地壳、地幔、地核三部分组成，然而这种认识应当说是很肤浅的。因为就目前来说，我们只能"触摸"到地球表面薄薄的一层壳。地球的最高峰珠穆朗玛峰的高度约为 8848 米，而最深的勘探井（在科利斯半岛）深约 12 千米。对比这些数字，我们会发现，人们可以直接研究的地球表层的厚度仅为 20 千米左右。那么，再往底下是什么？地球内部中心究竟为何物？这是千百万年来始终令人困惑不解的一个谜。

在很早以前，就存在着"地球中空"的假说，认为在地球内部存在着一个"生命世界"。尽管目前我们还没有什么证据证明地球不是中空的，但"地球中空"假说也并没有令人信服的证据。

19 世纪后期，人们注意到了这样一种现象：火山喷出熔岩的温度随着深度的增加而增高。根据温度随深度增加的速率来计算，地心的温度竟可达 10 万℃左右。在这样高的温度下，即使地心具有极高的压力，任何物质也都会变为气体状态。于是许多研究者提出了"气态地核说"。

但是许多学者认为这一学说是建立在钻井和火山资料基础上的，因此所推测出的地心高温概念是不可信的。19 世纪末，人们通过重力测量求出了地球密度值为 5.52 克/立方厘米。它比地表任何岩石的密度都大许多，因此推想地核内部一定有密度更大的东西。

19 世纪中期到 20 世纪初期，地震波的研究，对人们探索地球内部的奥秘提供了一个好帮手。

第一个利用地震仪探索地球内部奥秘的是南斯拉夫的地震学家莫霍罗维奇。1909 年 10 月 8 日南斯拉夫的萨格勒布发生了一次强烈地震，莫霍罗维奇在研究这次地震所记录的数据时，发现地震波传播的速度在地表下面 33 千米处存在一

个不连续的跳跃，说明在这一深度的上下物质密度相差很大。以后，科学家确证这个球面是地壳和地幔的分界面，并以莫霍罗维奇的名字来命名，称为莫霍不连续面，简称莫霍面。

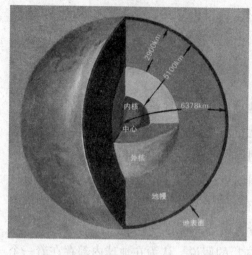

1914 年，地震专家古登堡在探测远方地震所发出的地震波时，又发现在地表下面 2900 千米处，地震波的传播速度也发生了急剧改变。这里是地幔和地核的分界面，地学上称作古登堡面。

通过进一步的研究，人们知道了地幔的物质具有固态特征，它的上部由含二氧化硅 24% ~45% 的超基性岩组成，性质类似橄榄岩，因此，被称为橄榄岩层；同时，它又含有丰富的硅和镁元素，又称它为硅镁层。

1936 年，丹麦地质学家莱曼对地核中传播的地震波速度进行了更精确的测量，又发现地核可分为内核和外核两部分，内外核的分界处在地表下 5100 千米处。外核中地震波横波不能通过，人们推测它为液态。而到内核，横波又重新出现，说明它是固态的。由于地震波在整个地核中的传播速度与它在高压下铁的传播速度相等，人们很自然地想到地核可能是高压状态下由铁、镍之类物质构成的。

近年来又有人提出地球有个"黄金核"的说法，据持此观点的人测算，以铁、镍为主要成分的地核（其半径 3473 千米）之中，黄金的平均含量是地壳平均含金量的 600 多倍，地核中的黄金总含量竟多达 500 亿千克。

然而，并非所有学者都同意上述观点，又先后有人提出了"金属氢地核说""金属氢化合物地核说""铁硫地核说""铁硅地核说""铁氧地核说"等。所有这些学说都只是人类用智能对地球内部情形的间接"窥视"，人们无法直接用肉眼去证实这些说法，所以地球中心为何物仍是一个谜。

地球重力为何会异常

世界尚有那么多现代科学无法解释的现象，包含着不可思议的谜，如美国加州的神秘点。从旧金山搭车沿公路南下，不到两小时就抵达一个名叫圣塔克斯的小镇，神秘点就在离该镇约 5 分钟车程的近郊。

该处附近的树木都斜向一方生长。有两块长 50 厘米、宽 20 厘米的石板埋在地面，间隔约 40 厘米，乍看没什么不寻常的地方，其实两块石板就是不可思议的神秘点。当两个身高不同的人分别踏上两块石板时，就会发生最不可思议的事：身材矮的竟然会变得比原来身材高的人高！

两人之间仅有 40 厘米的距离，但却产生了身高的变异，这不禁使人目瞪口呆。但当两人再踏出一步时，两人的身高又恢复正常，这真是不可思议的事情。

再尝试互相交换位置，高的一个又变矮了，这些现象旁观者最能看清楚，只有一步之差却能使身材忽高忽矮。

也许这两块石板不是水平的，或者某端高了点。但如拿出水平测量仪来测量，仪器上却呈现水平状态。

就算站在石板上用皮尺量身高，然后换到另一块石板上照样量一次，两边仍显示着同样的高度。如果在这两点上，人体身高有伸缩，那么，皮尺也应测出不同的长度，然而两边的身高确实相同，是否皮尺也在做同样的伸缩？

到达神秘中心点，这里会发生更惊人的事情。绕着该处一幢破烂小屋，在它肮脏的外围走了一圈进入屋内后，便会发生使人简直不敢相信自己的眼睛的现象：里面有许多向左倾斜站立的人，正彼此指着对方嘻嘻地发笑。

他们原来是早来的游客。只因为这个中心点有向一边倾斜的强烈引力，所以看来每个人都是斜立着。游客纷纷尝试做各种姿势，有些人甚至能笔直地倒立。

这幢破旧的木屋，倾斜地靠在树干边，其倾度像是完全倚靠在这株大树上似的。走出小木屋前的大片空地，每个人都像要跌倒似的斜立着。冥冥中像有

股强烈的吸力把人拉向斜立的姿势。小屋的一堵墙上凸出一块木板，谁看了都会误认为是条斜坡道。如果在木板的上方放一个高尔夫球，虽然木板看上去是斜的，球却停在原处一动也不动。而用劲将球推下，还会发现球滚到半途又像受牵制般地再滚回原处。无论如何推动都是同样的结果，球最后还是回到木板上方。而且推球时会发现似乎有股阻力使球很难推下去。

更让人惊讶的是，当进入神秘点的狭窄入口时，发现地下倾斜竟相差30°左右，一进去就有股视力无法看到的强力把身体推向另一方，尽管人死命地握住壁上的柱子仍然免不了被拖至中心的重力点。由于重力的异常，在里面呆上10分钟，人就会产生像晕船一样的反胃欲呕的反应。

该处的向导像忍者一样一步步地爬上墙壁，并没有依靠任何支撑物便可举着两手轻松地在墙上走动，并且在半途还能倾斜地站立，面对游客微笑。可见墙壁的另一面有强烈的引力在起着作用。

天花板破烂不堪，从破洞中可看到怪异扭曲的大树飞向天空。因为磁场不平常，在这神秘点的上空，飞机会因为仪器受到干扰而脱离航线；鸟儿经过上空时也会因头昏眼花而掉到地上。

走进隔壁的房间，将发现一种奇怪的现象，完全不能以科学的观点来解释。屋顶的横梁上垂着一串铁链，下面悬着很重的坠子，该坠子直径大约25厘米、厚5～6厘米，形状像个圆盘。如果把这个坠子推向一边，只要将手指轻轻一触就能动了，但从反方向推时却要用尽全力才能将它移动。这可能因为异常的引力向同一方向作用，所以才会发生这种现象。

综合其他现象，如身高的伸缩，球会自动向上滚动，斜站在墙壁上，等等，这个神秘点可以说是个充满违反物理定律的怪地方。唯一可以理解的就是这个地带的重力是异常的，物体不是与其他地方一样受地心吸力所吸引。

然而，究竟是什么东西使得这神秘点的重力场与外界截然不同？它又是如何发生作用的？这都是尚待科学解释的谜。

揭秘雷电之谜

仲夏时节，每当天空乌云翻滚、狂风呼啸之际，一场大雨即在眼前。这时，就会有一道道闪光划破云幕，宛如条条金蛇飞蹿，紧接着就会传来一声声震耳欲聋的霹雳，这就是自然界中威力无比的雷电。

雷电是空中云层发生的大气放电现象。据统计，地球上平均每秒钟就有上百次电闪雷鸣发生，可见，这是一种发生频率很高的自然现象。由于云层放电时，将产生剧烈高温、强电流及电磁辐射和冲击波，因而常常造成飞行事故，引发地面火灾，破坏通讯设施和输电系统，给人们生活和社会活动带来许多灾害。

在遥远的古代，由于人们对自然界缺乏认识，看到雷电引起的森林火灾和雷击事件，往往十分恐惧，以为这是上天的力量，因而编撰了许多神话传说。在中国古代民间，把雷电视为天神，流传着"雷公""电母"惩罚恶人的故事。在古希腊神话中，雷电被誉为万神之王宙斯手中震慑群神和人类的武器。只是到了近代，人们才从科学的角度对雷电现象有所认识。1752 年 7 月，美国科学家富兰克林做了一次震惊世界的试验，利用风筝捕捉雷电，成功地把雷电从天空中引导下来，从而揭开了雷电现象本质的秘密。

现在人们已经弄清楚了，雷电形成于一种叫积雨云的云层中，这种云是炎热季节里暖空气和冷空气发生强烈对流的产物，具有云体高大、云冠高耸之特点。当积雨云云层界面所积累的电荷形成的电位差达到 1 万伏特时，大气就会发生电离而被击穿，产生放电现象。

由于在十万分之几秒的极短时间里，1 万~10 万安培的峰值电流在直径仅几厘米的闪电通道内通过，所以闪电通道会迅速增温至几万摄氏度，并产生爆炸式膨胀。闪电通道在以 30~50 个大气压向外膨胀的过程中，形成了冲击波，以 5 千米/秒的高速度向四周扩散，然后逐渐衰减为声波，这就是我们所听到的隆隆雷声。此时，炽热的高温使闪电通道内的空气完全电离，发出耀眼的光亮，这就是我们看到的闪电。因为光速快于声速，所以发生雷电时，总是先看到闪电，后听到雷声。

但是，时至今日仍使科学家们迷惑不解的是，为什么翻腾不息呈电中性的云朵，会突然间变成高压放电器？是什么力量使云层极化出如此大量的异性电荷呢？

关于雷电的成因，学术界流行着几种假说。一种假说认为，雷电形成于"温差起电效应"。一般说来，积雨云内的气温可从10℃降到-30℃甚至-40℃，因而云体内存在着水汽、水滴、冰晶，以及过冷水滴和雪花、冰晶的混合物——霰。当积雨中的冰晶和霰粒发生碰撞摩擦时，会使霰粒表面局部温度上升，与冰晶形成温度差。在温差起电效应的作用下，冰晶和霰粒分别带上了正电荷和负电荷。随着云中的空气对流，逐渐形成正负电荷的明显分区，于是产生了电位差。当电位差达到一定程度时，就会发生大气放电现象。

这一假说虽然解释了积雨云中正负电荷的产生机制，但是并没有阐明电荷的极化过程，难道说仅仅依靠空气的对流就能使正负电荷发生分离吗？理由显然是不充足的。

还有一种假说认为，降雨也许是驱使正负电荷分开的原因。其观点是，以大雨滴或冰珠形式倾泻而下的雨水携带着负电荷，这样，像小尘粒和冰晶带有正电荷的微粒就会在云层上端积聚起来，结果产生了足以引起闪电的电场。

为了验证这一假说，美国一些科学家利用雷达来测试闪电之后降雨速度的变化情况。按道理说，假如雨滴是逆电场力而降落，速度必然受阻，闪电之后，电场强度减弱，降雨速度就应自然加快。然而，试验的结果是，闪电前后降雨的速度并没有什么变化。这就意味着，降雨不是驱使正负电荷分开的原因。

那么，雷电到底是怎样形成的呢？对此，科学家们依然是众说纷纭，莫衷一是。

火山爆发揭秘

火山喷发是地下岩浆喷发于地表的现象。火山喷发的景象壮观而奇特，同时伴有惊人的破坏力量。早在公元79年，意大利的庞贝城就毁于维苏威火山爆发。

火山爆发所造成的严重灾害，引起了科学家们对火山研究的重视。自18世纪开始，特别是19世纪以来，科学家们开始从地球物理学的角度去探索火山的成因，先后提出了几种火山成因假说。

早期的地球散热说认为，地球由于不断散热使地壳冷却而收缩，因此压迫了地球内部的熔融体。熔融体的原体积相应缩小而产生强大的"弹力"作用。外部压力不断增加，地球内部的岩浆通过不同途径喷出地表，即形成火山爆发。

与散热说类似的岩石粉碎说认为，地球由于逐渐收缩而产生强大的内压力，这种压力促使地球内部产生热能，并把岩石粉碎为熔融体。熔融体沿着地壳薄弱地带喷射而出，造成火山活动。

还有一种海水渗透假说，它的观点是，鉴于世界火山带大都分布在太平洋、大西洋、地中海等大洋沿岸和岛屿上，也就可以认为：海水通过裂隙渗透到地壳下部的灼热岩浆区里，被蒸发为水蒸气，产生极大的张力引起爆炸，并形成火山通道，迫使熔融的岩浆沿着火山通道喷出地表。

显然，上述几种假说由于受到当时对地球认识局限性的影响，不同程度地存在着错误。如岩石粉碎说，即对地球内部热能产生的假设，明显是错误的，据此提出的火山成因说自然不能成立。又如海水渗透说，依据更不可靠，因为根据我们现有的实验，地下30千米处温度就有400℃左右，水在这里早已汽化，不可能呈液态渗透到岩浆源区内。另外，这一假说也无法解释与海水无关的大陆区火山。

20 世纪 60 年代以后，随着海洋科学的发展，人们在积累了大量地壳运动资料的基础上，创立了板块构造理论，于是一些科学家把火山活动与板块运动联系起来。

世界火山的分布是有一定规律的，绝大多数位于大陆与海洋的交界处，或大洋中脊及裂谷上。这些地区大多是板块的边缘，少数位于板块的中央。地球上的火山，用板块学说可以分为板块边缘火山和板块内部火山。如环太平洋火山带都分布在太平洋板块的周围，是板块边缘火山；夏威夷火山位于太平洋板块的中央，就是板块内部火山。

板块边缘火山又可分为两种，一种是沿板块增生扩张带分布的火山，如沿大洋中脊分布的火山带，一般为以玄武岩为主的一次性喷发火山。另一种是沿板块碰撞消亡带分布的火山，如环太平洋东部火山带，就位于太平洋板块与北美、南美板块碰撞消亡的地带；地中海—印度尼西亚火山带，就位于非洲板块、印度板块与欧亚板块、太平洋板块相碰撞消亡的地带，一般为以岩质为主的多次性喷发火山。

火山成因的板块学说认为，在板块增生扩张地带，软流圈内的熔融岩浆不断上升涌出，从而形成火山喷发。在板块的碰撞部位，其中有的板块被压迫下沉插入地幔之中，当下沉板块移动到软流圈时，由于来自地幔的热能和相邻板块的摩擦热能，使板块部分熔融，这部分熔融的岩浆就常常在压力作用下，上升喷溢于地表，形成火山。

板块构造理论虽然能够很好地说明板块边缘火山的形成过程，但是对板块内部火山却无法作出解释，这类火山活动与板块运动无关。

如位于海洋板块中心的夏威夷群岛，地质学家称这些岛上的火山口为"热点"。热点并不随板块一起移动，始终固定于一点喷发。板块移动时，原来喷发过的地方随即成了死火山口，热点又在附近的地方喷发岩浆。随着板块的移动，热点就留下一连串的死火山口。目前，全球已确定的热点有 60 多处，夏威夷群岛火山只是其中的热点之一。科学家们猜测，热点所喷发的岩浆，可能来自地幔内层，但尚不明白这些岩浆是怎样冒到地面上来的。

除此以外，人们对板块成因假说还提出了许多疑问，为什么太平洋中脊的火山活动并不明显？为什么没有环大西洋的火山带？因此，关于火山爆发的原因，还有待于进一步探讨。

地震和火山虽同为地球上的自然灾害，但两者的性质并不相同。地震主要以大地震动为主要特征，而火山爆发则以岩浆喷发为主要表现形式。从表面上来看，两者不存在任何共同之处。唯一有点联系的是，在理论上认为，两者的成因都与板块运动有关，地震带与火山带的分布大致吻合。巧合的是，对板块内的地震和火山爆发都无法作出解释。到目前为止，尚未发现地震和火山之间有什么内在联系。

地球形成之谜

关心地球并且热爱它的人，难免会提出这样的问题：我们生活的这个地球是如何形成的？当代人当然不会满足上帝"创世说"这样的答案。实际上，早在 18 世纪，法国生物学家布封就以他的彗星碰撞说打破了神学的禁锢。然而，人们也许还不知道，随着科学的进步，关于地球成因的学说已达 10 多种，它们主要是：

（1）彗星碰撞说。认为很久很久以前，一颗彗星进入太阳内，从太阳上面打下了包括地球在内的几个不同行星。

（2）陨星说。认为陨星积聚形成太阳和行星。

（3）宇宙星云说。1796 年，法国科学家拉普拉斯在《宇宙体系论》中提出，星云（尘埃）积聚，产生太阳，太阳排出气体物质而形成行星。

（4）双星说。认为太阳系除太阳之外，曾经有过第二颗恒星，行星都是由这颗恒星产生的。

（5）行星平面说。认为所有的行星都在一个平面上绕太阳运转，因而太阳系是由原始的星云盘产生的。

（6）卫星说。认为海王星、地球和土星的卫星大小大体相等，也可能存在过数百个同月球一样大的天体，它们构成了太阳系，而我们已知的卫星则是被遗留下来的"未被利用的"材料。

在以上众多的学说当中，康德的陨星假说与拉普拉斯的宇宙星云说，虽然在具体说法上有所不同，但二者都认为太阳系起源于弥漫物质（星云）。因此，后来把这个假说统称为康德—拉普拉斯假说，而被相当多的科学家所认可。众所周知，地球在一个椭圆形轨道上围绕太阳公转，同时又绕地轴自转。正是因为这种不停的公转和自转，地球上才有了季节变化和昼夜交替。然而，是什么力量驱使地球这样永不停息地运动呢？地球运动的过去、现在、将来又是怎样的呢？

人们最容易产生的错觉，是认为地球的运动是一种标准的匀速运动。

其实，地球的运动在不断地变化着，而且极不稳定。根据"古生物钟"的研究发现，地球的自转速度在逐年变慢。如在4.4亿年前的晚奥陶纪，地球公转一周要412天；到4.2亿年前的中志留纪，每年缩短到400天；3.7亿年前的中泥盆纪，一年为398天；到了亿年前的晚石炭纪，每年约为385天；6500万年前的白垩纪，每年约为376天；而现在一年只有365.25天。而天体物理学的计算，也证明了地球自转正在变慢。科学家将此现象解释为月亮和太阳对地球潮汐作用的结果。

此外，地球内部物质的运动，如重元素下沉，向地心集中，轻元素上浮、岩浆喷发等，都会影响地球的自转速度。

除了地球的自转外，地球的公转也不是匀速运动。这是因为地球公转的轨道是一个椭圆，最远点与最近点相差约500万千米。当地球从远日点向近日点运动时，离太阳越近，受太阳引力的作用越强，速度越快。由近日点到远日点时则相反。

还有，地球自转轴与公转轨道并不垂直；地轴也不稳定，而是像一个陀螺在地球轨道面上作圆锥形的旋转。地轴的两端并非始终如一地指向天空中的某一个方向，如北极点，而是围绕着这个点不规则地画着圆圈。地轴指向的不规则性，是地球的运动造成的。

科学家还发现，地球运动时，地轴向天空划的圆圈并不规整。这就是说地轴在天空上的点迹根本就不是在圆周上移动的，而是在圆周内外做周期性的摆动，摆幅为9″。

由此可以看出，地球的公转和自转是许多复杂运动的组合。

　　地球还随太阳系一道在银河系中运动，并随着银河系在宇宙中飞驰。地球在宇宙中运动不息，这种奔波可能自它形成时便开始了。

　　就拿现在地球在太阳系中的运动而言，加速或减速都离不开太阳、月亮及太阳系其他行星的引力。人们一定会想，地球最初是如何运动起来的呢？存在着所谓第一推动力吗？未来将如何运动下去呢？自转速度会一直变慢吗？

　　地球运动的第一推动力至今还只是一种推断：牛顿在总结发现的三大运动定律和万有引力定律之后，曾尽其后半生精力来研究、探索第一推动力。他的研究结论是上帝设计并塑造了这完美的宇宙运动机制，且给予了第一次动力，使它们运动起来。对此，现代科学给予的回答是否定的。那么，地球乃至整个宇宙的运动之谜的谜底究竟是什么呢？

地球会被太阳吞噬吗

英国苏塞克斯大学的天文学家称，太阳将在76亿年后吞噬并气化整个地球，届时可怕的世界末日将会出现。但如果人们能够提前改变地球的运行轨道，那么这场灾难将有可能得以避免。

英国苏塞克斯大学的天文学家罗伯特·史密斯博士称，根据其研究小组以前的计算，尽管地球会被轰击烧成一堆灰烬，但最终将逃过毁灭。然而，这个计算并未考虑濒死太阳外层大气产生的拉力。史密斯博士说："我们以前的计算显示，随着太阳的膨胀，太阳质量会以强风的形式逐渐消失，这种风的强度比现在的太阳风猛烈得多。如此一来，太阳对地球产生的地心引力就会减少，使地球轨道得以向膨胀太阳的外部和前端移动。如果只有这种作用力，地球就可以真正地逃过最终毁灭。然而，太阳外层稀薄的大气会在太阳可见表面上空膨胀开去，结果地球事实上将在这些低密度外层大气中做绕轨运动。低密度大气所产生的拉力非常强，足以让地球向内漂移，并最终被太阳捕获然后蒸发掉。"

史密斯博士与墨西哥瓜纳华托大学天文系的克劳斯·彼得·舒洛德博士合作，撰写了有关最新发现的论文。

史密斯博士称，76亿年后在迎来地球末日之前，地球上的生命早已消失殆尽。科学家们称，太阳缓慢的膨胀将导致地表温度上升，海洋蒸发，令大气层充满水蒸气，引发全球

变暖失控。

最终，海洋将被蒸干，水蒸气将逃逸至太空中。届时，地球将变成一个异常火热、干燥且不宜居住的星球。史密斯说："随着太阳中心氢气的枯竭，太阳将变为一颗红巨星，并开始把氦聚变为碳和氧。后来再从其核心深处向前喷发出可怕的飓风，在高温飓风的影响下，那些靠近太阳的行星，水星、金星、地球，还有火星，都将慢慢地气化。它们的物质将与飓风汇合，汹涌澎湃地冲向太空。"

科学家们称，太阳这样大小的恒星是宇宙中最为典型的，它们生命中80%～90%的时间都处在稳定的主序阶段，当中心的氢逐渐燃烧完后，一颗恒星的生命就接近尾声了。

此时星体核心会迅速收缩，相反地，外层的氢却开始燃烧并迅速膨胀，这是恒星生命中一个十分有趣的阶段：星体的体积大大增加，比如太阳这样的恒星会膨胀数百倍，膨胀的结果导致恒星表面温度下降，颜色变红，同时其表面亮度却会大大增强，天文学上习惯将光度（即恒星的本质亮度）大的天体称为"巨星"，因此这一阶段的恒星的典型特征就是"红巨星"。

相对而言，"红巨星"阶段是很短暂的，此后由于核心的收缩导致温度进一步升高而引发氦原子核聚变为碳原子核的反应，以及此后一系列更为复杂的核聚变反应，恒星将会快速地走向死亡。

改变地球轨道可能避免灾难。人类能不能采取一些措施来避免地球遭遇这场灾难？史密斯博士认为加州大学圣克鲁兹分校的一个科研小组提出的这个惊人设想非常可行。

根据这个设想，可以利用飞越的小行星的引力，把地球"轻轻推离"这危险区。每6000年左右的一个合适飞越将足以使地球免于此场灾难，并使地球生命多存活至少50亿年，甚至活得比太阳这颗红巨星还长。

史密斯博士说："这听起来像是科幻小说，但是设想中所需的能量完全可能实现，并且我们有望在未来几个世纪中研发相关技术。不过，这是一个高风险的战略，因为任何一个细小的计算错误都可能导致小行星撞上地球，结果是灾难性的。另一个相对安全的解决办法就是，建造一艘星际'救生艇'，能离开太阳的危险范围，但仍能利用太阳的能源。"

太阳系之谜

火星篇

探索火星之谜

火星是地球的近邻。它与地球有许多相同的特征。它们都有卫星，都有移动的沙丘、大风扬起的沙尘暴，南北两极都有白色的冰冠，只不过火星的冰冠是由干冰组成的。火星每 24 小时 37 分自转一周，它的自转轴倾角是 25°，与地球相差无几。

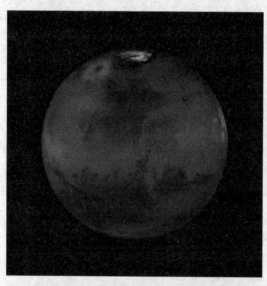

火星上有明显的四季变化，这是它与地球最主要的相似之处。但除此之外，火星与地球相差就很大了。火星表面是一个荒凉的世界，空气中二氧化碳占了 95%。浓厚的二氧化碳大气造成了金星上的高温，但在火星上情况却正好相反。火星大气十分稀薄，密度还不到地球大气的 1%，因而根本无法保存热量。这导致火星表面温度极低，很少超过 0℃，在夜晚，最低温度则可达到 –123℃。

火星被称为红色的行星，这是因为它表面布满了氧化物，因而呈现出铁锈红色。火星表面的大部分地区都是含有大量的红色氧化物的大沙漠，还有赭色的砾石地和凝固的熔岩流。火星上常常有猛烈的大风，大风扬起沙尘能形成可以覆盖火星全球的特大型沙尘暴。每次沙尘暴可持续数个星期。

火星两极的冰冠和火星大气中含有水分。从火星表面获得的探测数据证明，在远古时期，火星曾经有过液态的水，而且水量特别大。这些水在火星表面汇集成一个个大型湖泊，甚至是海洋。现在我们在火星表面可以看到的众多纵横交错的河床，可能就是当时经水流冲刷而成的。此外火星表面的许多水滴型"岛屿"也在向我们暗示这一点。

火星表面有一条巨大的"水手谷"。这是一个长约 4000 千米的巨大峡谷，它是在远古时期的洪水和火山活动的共同作用下形成的。火星上的巨大火山——奥林匹斯山高约 2.7 万千米，是地球最高峰珠穆朗玛峰高度的三倍。它是太阳系中最高的山峰。火星有两个微小的卫星，直径都不到 80 千米，看起来更像是被俘获的小行星。

一直以来，火星都以它与地球的相似而被认为有存在外星生命的可能。近期的科学研究表明目前还不能证明火星上存在生命，相反的，越来越多的迹象表明火星更像是一个荒无死寂的世界。尽管如此，某些证据仍然向我们指出火星上可能曾经存在过生命。例如对在南极洲找到的一块来自火星的陨石的分析表明，这块石头中存在着一些类似微体化石的管状结构。所有这些都继续使人们对火星生命是否存在保持着极大的兴趣。

火星上是否有生命

维京号（或海盗号，Viking probes）曾做实验检测火星土壤中可能存在的微生物。实验限于维京号的着陆点并给出了阳性的结果，但随后即被许多科学家所否定。这是正在进行中的争议。现存生物活动也是火星大气中存在微量甲烷的解释之一，但通常人们更认同其他与生命无关的解释。1992年9月25日是引人注目的一天，这一天美国成功地发射了"火星观察者号"探测器，从而拉开了人类全面探测火星的序幕。这也是美国17年来首次发射专用于探测火星的航天器。它将从火星轨道上测绘火星和记录天气情况，寻找供机器人和人类可能的着陆地点，以及生命存在的线索。过去，人们经过长期用望远镜观察，发现火星与地球的环境很接近，那里似乎也有山、有河流，还有人工运河。因而，人们推断那里很可能有智慧生命的存在。火星是围绕太阳运转的八大行星之一，它那红红的颜色好像一团火。过去，人们曾从望远镜中发现火星的南北极，像地球一样戴着洁白的"冰帽"，叫做火星的"极冠"。夏天极冠缩小，像冰雪融化一样；冬天极冠变大，仿佛又结了冰。火星像地球一样，有春、夏、秋、冬四季之分。火星表面的颜色，随着气候发生变化。多年来人们在猜想，这可能是植物的生长和枯萎造成的，那里可能生长着花草树木。

到底有没有"火星人"呢？直到最近10多年才揭开这个谜。特别是1976年7月和9月，两艘美国的宇宙飞船"海盗1号"和"海盗2号"在火星登陆后，在那里做了许多科学实验，拍了许多照片。这些照片告诉我们，火星的"海"是一些没有水的低凹地和一些大大小小的环形山，其中最大的一座，有我国珠穆朗玛峰的3倍那么高。"火星运河"实际上是排列成行的密密麻麻的环形山和陡峭山岳，过去由于人的视觉错误，认为是运河了。而火星的"沙漠"则是由氧化铁和其他含有金属的物质组成，所以火星是红色的。"海盗号"系列飞船探测实验结果表明：火星的大气层比地球上的要稀薄得多，气压也只有0.006个大气压，而且大气的主要成分是二氧化碳。那里的水蒸气只占1%，比地球上的沙漠地区还要干燥100倍。火星的北半球地势平坦，只有少数的环形山，而南半球则密布

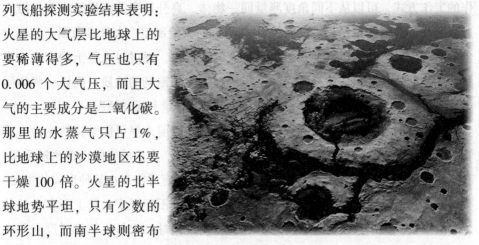

环形山，并有一条洼地贯穿其中。由于火星比地球离太阳还远，所以它的平均温度也低，白天为-10℃，夜晚则降到-100℃。

虽然，通过分析，人们认为火星上不可能存在高级生物或人，但科学家们仍未排除在火星的其他地方或土壤深处有原始生命存在的可能。作为1992年国际空间年活动的一部分，为时一周的"世界空间大会"已于当年9月5日在美国闭幕。在这次大会上，火星是人们讨论的焦点之一。科学家们说，大约300亿年以前，这颗红色星球上曾经有过丰富的水资源，因而在火星上可能经历过与地球上相同的生命进化。探测火星的主要目的之一便是寻找化石，以证明在那里确曾有过生命进化。火星也许会告诉人们很多关于太阳系里生命起源的奥秘。美国这次发射的"火星观察者号"探测器，将环绕这颗红色的星球飞行，并提供其表面的细节图像，它还将成为未来10年里发往火星的一系列探测器的中继站，这些探测器将驶往火星的极地和峡谷，寻找最可能残留水资源和生命及其化石的地方，并为人类最终踏上火星选择登陆之处。

"火星观察者号"探测器价值5.11亿美元，加上发射费用和操作费用等总计达8.91亿美元。这个探测器发射后，要飞行11个月，行程7.2亿千米，才能到达火星。它所携带的7部仪器如果发挥正常，1993年12月便可以向美国加州的喷气推进实验室发回数据。据科学家们估计，探测器每天可向地球传回大约10亿位的大量数据。整个探测任务要传回约6000亿位的数据，相当于除"麦哲伦号"金星探测器外所有行星探测发回的总和。携带的仪器采用前后合

作的工作方式，可以从不同角度测量同一物体。高分辨率的摄像机将要拍摄几万张照片，清晰度将要超过以前的40倍。同时要绘制整个火星表面图，监测大尘暴从产生到衰退的过程，预告火星每天的气候图。通过对火星上的火山、山脉、峡谷的高度测量，使科学家进一步研究引力和磁场的性质，确认一些物质如粉尘、二氧化碳和随季节变化的冰冻的分布、含量和运动情况。

科学家们一直希望能找到证据，说明在远古以前火星可能维持着生命。尽管火星的大气层与地球的相比很稀薄，但确实存在。火星的气候也曾比较暖和，有过水和河流。在表面那些具有足够热量的地方，有可能存在某种形式的生命。美国"海盗号"火星探测器得出的否定性结论，并不能证实火星上不存在任何生命的痕迹。美国火星科学家迈克尔·卡尔说："地球和火星在年轻时没有什么不同。我们要从火山熔岩中研究水的相互作用。水能引起人们的兴趣，因为它清楚地表明气候的变化和生命存在的可能性。"美国航空航天局也已计划，从1999年开始，陆续发射16枚小型廉价的火星登陆器，进一步搞清水在这个星球的历史，以及风化层和氧化层下面基本岩层的情况，为人类登上火星开创历史新纪元做准备。

红色的星球——火星

在太阳系中，火星是一颗旋转于地球轨道外侧的行星。它呈现出不寻常的红色光芒，荧荧如火，在人类的视野中产生了极深刻的印象。在中国古代，人们将火星称为"荧惑"。很早以前，日本人也曾把火星当成是一颗不吉祥的星，给它取名为"灾难星"和"红焰星"。而古罗马人称它为"马尔斯"（神话中的战神），将它与战争、鲜血联系在一起。

的确，火星是一个红色的世界，它充满了神秘的色彩，就连它为什么是红色的，人们都研究了数千年。后来，科学家们从发射的火星探测器带回的新资料分析中才知道，原来，火星的红色与它的表面物质状况是分不开的。火星表面有如同月亮上那样众多的环形山和火山，风化作用产生的大量铁锈，使这里几乎到处是红色沙漠，连天空也是红橙色的。火星表面为什么含铁量会如此丰富呢？这个问题直到现在也仍然没有人能够说明白。

在太阳系八大行星中，人类对火星的探测力度最大。从 20 世纪 60 年代初至今，美国和苏联一共向火星发射过 20 多个探测器。其中探测收效比较好的有：1971 年美国发射的"水手 9 号"；1975 年美国发射的"海盗 1 号"和"海盗 2 号"；1996 年美国发射的"火星环球勘测者"号和"火星探路者"号。其中"海盗 1 号"和"海盗 2 号"，"火星探路者"号三个探测器均在火星上软着陆，并进行了多方面的考察。"探路者"号还带去了"旅居者"号火星车，实现了可移动性的探测考察，为宇航员登上火星开辟了道路。一系列探测活动使得人类对火星的研究有了较大的进展。

我们为什么偏偏对火星情有独钟呢？也许因为它是我们的近邻，也许因为它和地球太相似，所以对我们别具吸引力。

火星素有"小地球"之称。它的半径为 3390 千米，比地球的半径（6378

千米）差不多小了一半。论体积，在类地行星中，它只是比水星大些，比地球和金星都要小。相对于地球，火星离太阳的距离远些，它的运行轨道比较长，运行的速度也慢些，因此，它的公转周期是 687 天。这样一来，地球每隔两年又两个月才能遇上火星。另外，它以 24.623 小时的周期绕轴自转。自转周期与地球如此相近的行星，目前尚未发现第二颗。不仅如此，火星的自转轴的倾角方式也和地球非常接近。火星上也有四季交替，只是它的每一季都是地球的两倍长。有趣的是，火星的南、北极白色的隆起部分，会随着季节变化而扩大、缩小，人们把它们叫做"冰冠""极冠"。从天空中观察火星，还能看见它有稀薄的大气层，有两个"月亮"——火卫一、火卫二围绕着它运行。

这一切都让人感到亲切，它简直就是地球的影子。毫无疑问，"小地球"增强了人类对它作出深入研究的信心，更多的人则是希望拨开层层迷雾，见到期待已久的宇宙同类，哪怕它们是"小绿人"之类的另类生命；也有人希望能通过对火星的研究，为地球上日益膨胀的人口开辟出一个更加美好的世界。

1965 年 7 月，当"水手 4 号"火星探测器首次飞越火星上空，把拍摄的照片传送到地球时，人们喜悦的心情混杂了些许失望。

火星是怎样的一种状态呢？原来，火星像月球那样布满了环形山，其中有些大山高度在 2 万米以上，地球上的最高峰都无法与之相比。另外还有被陨石撞得坑坑洼洼的地表以及深沟宽壑。

火星上稀薄的大气层，密度相当于地球大气层 30~40 千米高处的密度，大气的主要成分是二氧化碳，约占 95%，此外还有氮占 2%~3%，氩占 1%~2%，氧的含量很少。火星表面白天最高气温为 -13℃，夜间最低气温为 -73℃，气温和气压都变化很快。在最冷的地方连二氧化碳都会结冰，它的冰冠至少有一部分是冻结的二氧化碳。在这样的状况下，液态水存在的可能性极小。

虽然人们美好的愿望遭到打击，但对于火星的认识却跨出了重要的一步。如过去人们一直困惑于火星的红色，有人甚至猜测说，火星上生长着大片大片红色的植物，而冰冠的冰雪消融，正好灌溉红植物。经过火星探测器探测，人们才知道火星上并没有红色植物，它之所以呈现红色光芒，是因为地表风化浮土层富含氧化铁，这种浮土层厚达 20 米，并有 2 米厚的氧化硫尘埃。当火星反射太阳光的时候，富含铁的铁锈红便反射了出来。有时火星上狂风大作，黄色尘埃腾空而起，形成所谓"大黄云"，有时能将半个星面盖住。

虽然现在的火星是完全干涸的，但研究显示，火星上曾经有过水。有丰沛的水，又有大量的氧，加上比较充足的阳光，这 3 条产生生命必备的条件都有了，让人不禁追问：火星上存在过生命吗？如果存在过，它是以什么样的形式存在呢？

1996 年 8 月，人们在地球南极的冰层下发现一块陨石，随即掀起了一场"火星生命热"。一块重约 1.9 千克，看起来并不起眼的陨石，一下子变成了稀世珍宝，备受世人瞩目。美国航天局和一些著名大学的科学家宣称，他们发现了来自火星的陨石，这块陨石在南极的冰层下已沉睡了 1.3 万年，它的内部存在着微生物的化学、化石残留物。

这块陨石被命名为 ALH84001，根据推测，它是在大约 1600 万年前，随着一场意外的爆炸（也许就是未知的卫星撞击火星时），被抛到了火星大气层。偶然的机会让它摆脱了火星的引力，在星际空间流浪了几百万年。约在 1.3 万年前，它划出美丽的弧光，落在地球南极洁白的冰原。

天外来客 ALH84001 受到了极高的礼遇。科学家们围着它整整研究了 3 年。人们用扫描电子显微技术，对它的内部构造、成分进行分析，发现了它有一些分节段的管状物、若干碳酸盐的小球、一种与地球上古细菌化石类似的圆形物等。研究结果认为，有理由表明火星在 36 亿年前，是一个有生命的时期。

这一研究结果使许多人感到振奋，但也有人认为就一块陨石而下如此结论为时过早。他们认为，火星生命之谜是一个不寻常的课题，必须要有充足的证据来证明。这并非否定火星生命的命题，而是必须对火星进行深层次的探测。

火星上是否有生命，是科学家们非常关注的话题。目前，"火星环球勘探

者"上，有专门探测火星表面矿物构成的仪器。现在它还没有发现能够产生构成生命基本成分的岩石。

可以预计，科学家们探索火星的手段也将越来越高。根据报道，下一步将计划火星有人探测。它是继月球探测之后的又一重大目标。到火星去，单程即需要200多天，它涉及许多领域和新技术。在此之前，地球的南极将被科学家们用来做"适应性训练"的实验场。因为南极有永久冰封的大陆，长期缺乏阳光，用它来模拟火星表面环境，也许是再合适不过的了。

有人说，全面揭开火星秘密的时代即将到来。凭借今天的科技力量，再用百余年的努力，火星也许就是地球人类的理想居住地。

火星城市之谜

从1976年美国发射的"海盗1号"飞船发回的照片上，可以清楚地看到，在火星上的一座高山上，耸立着一尊巨大的五官俱全的人面石像，从头顶到下巴之间足有16千米长，脸中心宽度达14千米，与埃及的狮身人面像极为相似。这尊石像仰视天空，呈现凝神静思的样子。在人面石像对面约9千米的地方，还有四座类似金字塔的、对称排列的建筑物。

起初，两幅有关火星人面石像的照片并未引起人们的注意，因为许多人都认为这不过是自然侵蚀的结果，或者是自然光影构成的图像。后来人们用精密仪器对照片进行分析，发现人面石像有非常对称的眼睛，并且还有瞳孔。对此只能有一种解释——石像是由智慧生物创造的。

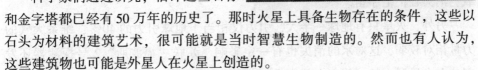

后来人们对这些照片进一步研究，又有了许多惊人的发现，火星上的石像不止一座，而是有许多座，并且连眼、鼻、嘴，甚至头发都能看得很清楚。金字塔也同样有许多座，同时还看到了类似城市废墟的遗迹。

科学家们通过研究，估计这些石像和金字塔都已经有50万年的历史了。那时火星上具备生物存在的条件，这些以石头为材料的建筑艺术，很可能就是当时智慧生物制造的。然而也有人认为，这些建筑物也可能是外星人在火星上创造的。

根据"海盗1号"传回的资料，有的科学家推测，在很久以前，火星曾有过一段辉煌的时期，上面生存着各种各样的生物，后来大概是遇上了什么大灾难，就像地球上的恐龙一样，一下子都死光了。

那么，到底是什么灾难使火星上的生物一下子都死光了呢？这是一个留给科学家要继续破解的谜团。

火星上的水为何失踪了

现在的火星一片干燥，那么真相究竟如何呢？

2006 年，美国"机遇"号火星车的最新探测结果显示，现在干燥寒冷的火星，历史上也许有过一番海涛拍岸的景象，火星表面过去可能部分为咸海所覆盖。如此浩瀚的大海现在究竟在哪里？这一番"沧海桑田"的变化原因何在？后来，日本科学家不断对此发表看法。

日本宇宙航空研究开发机构水谷仁教授认为，金星过去也曾有水，但由于它离太阳太近，及大气中高浓度二氧化碳产生的温室效应，金星表面温度极高，水因此被全部蒸发，消失在茫茫的宇宙，而火星水的消失好像和金星不太一样。

水谷仁教授说，磁场毁坏在火星水的消失中起到了巨大作用。在人类居住的地球上，磁场好比盾牌，挡住了太阳向地球倾注的高能粒子，防止太阳风暴直接光临大气层和地面。现在的火星虽然还有很强的磁场，但已经没有像地球这样的规模。火星磁场大概在 30 多亿年前伴随火星内部的冷却凝固而逐渐被毁坏，使火星难以避免太阳风暴的全面袭击，大气中的水蒸气因此被分解为氢和氧，消失在茫茫宇宙。

另外，火星只有地球一半大，引力仅相当于地球引力的 40%，维系大气的力量相对较弱，这对水的消失也有一定影响。苏联"福波斯"2 号探测器还发现，在火星黑夜的一侧现在仍有大量氧气向宇宙流失。科学家根据有关数据推测，过去火星的大气压曾是目前地球大气压的近 3 倍，而现在只有地球的 1/50，在这种情况下，如果火星表面有少量水流出，马上就会汽化。

也许，并非火星上所有的水都消失在宇宙中。东京大学副教授阿部丰说，随着大气中水、二氧化碳减少，温室效应减弱，火星逐渐变冷，大气中的水经冷冻之后降到地面，因此，火星上的水可能像冰川一样藏在地下。

根据美国"奥德赛"火星探测器在火星上空观测的数据，以火星南极为中心的高纬度地区地下有大量氢分子存在，如果这些氢分子和氧结合以水的形式存在的话，会成为一片烟波浩渺的大海。然而从上空观测只能到观测地下 1 米的情形，阿部丰副教授认为，在高纬度地区更深的地下，可能会有冰川存在。欧洲"火星快车"探测器前不久也发现了火星极地有水的痕迹。

日本国立天文台渡边润一副教授认为，"勇气"号和"机遇"号火星车靠太阳能电池获得能量，因此着陆地点都选在阳光很强的火星赤道附近，而在火星赤道附近的地下现在基本上没有水。至于其他地区是否有水，尚有待进一步地研究。

金字塔真的是埃及人建筑的吗

多少年来，人们公认的说法是，埃及金字塔是由埃及的奴隶们在公元前3000多年前手工建造的，但这种说法却在今天受到了天文学家们的挑战。

近年来，天文科技的发展有了震撼性突破。人们惊喜地发现，位于火星球体的物质形状外表酷似金字塔，而且有着类似狮身人面像的面部特征造型！这一重大发现透视出火星与金字塔二者之间有着某种令人激动的微妙联系。

最近披露的消息说，开罗南部有一座神庙，墙壁上发现有大量难以解释的壁画图案，画面清晰逼真地显示着高速快车、宇宙飞船等现代产物，而其中一架飞机的形状酷似美国数年前的阿帕齐755型飞机！

是5000年前古埃及人大智大慧的预言，抑或是当时文明存在的遗迹？为什么金字塔千古之谜会和火星有着剪不断，理还乱的联系呢？

有一玄妙理论来自于20世纪40年代美国预言家凯斯。埃德加·凯斯运用精神方法诱发潜在能量，据说当凯斯预言事物时，他身体平躺，双目微闭，双手交叉放在前额，这时一道闪电倏然出现，答案便由此而来。

在此之后15年，新的理论观点称，法老墓准确对着某些星宿，或许希望法老王死后早日升天。3座金字塔的排列与猎户星宿极为相似，即两颗是平行，一星稍偏离。对此专家霍格兰提出了大胆的设想：大约1.2万年前，一场史无前例的灾难毁灭了火星上的生物，而火星上那些掌握最高科技的人群先有准备，离开火星，逃往地球。

假设如此，让我们不妨浪漫地想象一下，21世纪的人类也许在不久的将来登上火星，找到我们真正的历史，找到我们来时的路，找到我们原有的"家"。

火星上的运河之谜

1877 年，火星离地球特别近，相距只有 6400 多万千米。欧洲的天文学家们当时正在纷纷准备用新研制出来的望远镜，对我们这个行星近邻进行当时所能进行的最详细的观测。这些天文学家中，有意大利米兰的一位观测者乔范尼·夏帕雷利，他是时装设计师和香水商夏帕雷利的旁系亲属。

一般说来，用望远镜观测到的火星是模糊不清的，经常被地球大气变化无常的湍流所阻挠，这种湍流天文学家称之为"星象宁静度"。但是地球大气也有宁静的时刻，这时火星圆面上的真实细节似乎就闪现出来了。夏帕雷利惊异地发现，在火星的圆面上布满了极细的直线所构成的网状系统。他把这些线条称为 Canali，这在意大利文中的意义是"沟渠"。然而，这个字在译成英文时被译成了"运河"，而"运河"这个词明显的是有意设计出来的。

夏帕雷利的观测被洛厄尔继承了过去。洛厄尔是一个外交官，曾被派往现在的朝鲜任职。洛厄尔是一个波士顿婆罗门，他的哥哥是哈佛大学校长，姐姐是一个更为有名的人物——女诗人艾米·洛厄尔（在某种程度上是因抽黑色小雪茄而闻名）。他在亚利桑那州的弗拉格斯塔夫建造了一个私人的天文台来研究火星。他和夏帕雷利一样，也发现了 Canali。他对 Canali 做了进一步的说明，并煞费苦心地想出了一种解释。

据洛厄尔推测，火星是一个正在消亡的星球，它上面早已出现了智慧生物，它们对火星上各种险恶条件已能适应，其中最主要的一条就是缺水。洛厄尔想象，火星上的文明社会建设了一个范围广阔的运河网，把水从溶解着的极帽处引到位于赤道附近的居住点。这个论点的关键在于这些运河整齐笔直，其中有些运河顺着大圆延伸数万千米。洛厄尔认为，这种几何图形不可能因地质活动而产生。这些线条太直了，只有智慧生物才能造得出来。

但是，在星象宁静度很好的几秒钟之内要画出斑斑驳驳的详情细节来实在是太困难了，因此，眼、脑、手并用很可能把这些并不关联的地形连成一条直线。从 20 世纪初到航天时代开始的这段时间内，对火星进行观测的许多最好的目测天文学家发现，在星象宁静度很好但不能算极好的观测条件下，他们能看见运河；而在星象宁静度极好的极为罕有的时刻里，他们能从那些直线中分辨出为数众多的点和不规则的支节来。

1971 年，"水手 9 号"飞船开始拍摄一个被传统观测家叫做科普雷茨的地区。科普雷茨是洛厄尔、夏帕雷利和他们的追随者所发现的最大的"运河"之一。当尘暴结束时，科普雷茨展现出一个极大的裂谷，在火星赤道附近从东到西绵延 4800 多千米，在某些地方有 80 多千米宽，1600 多米深。它并不是笔直的，肯定不是一项工程。但这个大裂谷从比例上来说要比地球上任何这样的地形长得多。

在科普雷茨外面的那些地形真是千奇百怪——弯弯曲曲的沟渠在科普雷茨裂谷上面的高地上蜿蜒，周围伸展着许多美丽的小支渠。如果我们在地球上看见这样的沟渠，毫无疑问会认为这是水流冲刷而成的。但火星上表面压力极小，液态水会立即蒸发掉。

但随着"水手 9 号"摄影工作的继续进行，又发现了一系列特别的沟渠：有的沟渠有第二级和第三级的支渠系统，有的沟渠在始点和终点都没有火山口，有的沟渠中央具有泪珠形的小岛，有的沟渠终点呈辫子形状，就像地球上洪水冲刷成的一样。

看上去似乎毫无疑问，在几十条很长的这种沟渠（最长的有几百千米长）中，大多数以及几百条较小的沟渠是由水流冲刷而成的。但由于目前火星上没有液态水，那么这些沟渠一定是火星历史上某个早期年代里形成的，那时火星上的总压力要大些，温度也要高些，因而很可能有过水。

"水手 9 号"飞船所摄制的沟渠有力地说明了火星上可能发生过重大的气候变化。从这个观点看来，今天的火星正处于冰期之中。但是在过去（谁也不知道究竟是多少年以前）火星的环境要温和得多，与地球相仿。

这种戏剧性气候变化的原因还在热烈争论之中。在发射"水手 9 号"飞船之前，人们曾提出过，在火星上可能出现过气候变化，有过液态水。这种气候

变化可能是由于岁差所引起（岁差是一种运动，运动方式类似于高速转动的陀螺所发生的那种缓慢的向前漂移）。火星上的岁差期大约是5万年。如果我们现在处于岁差期的冬天，北极冰帽较大，那么25 000年以前，则是南极冰帽较大的岁差期冬天。

但是1.2万年以前很可能是岁差期的春天和夏天。那时的稠密的大气层可能现在已关到极帽里去了。12 000年以前，有一段时期在火星上可能气候温和，夜晚迷人，流水沿着无数小河、溪流淙淙流动，汇成汹涌澎湃的大江。其中有几条江河可能就是流入这个巨大的科普雷茨裂谷的。

如果情况确实如此，那么12 000年以前火星上是一个适于类似地球上的生命生存的时期。如果我是火星上的一个生物，我有可能会使我的活动适应于岁差期的夏天，而在岁差期的冬天停止活动。地球上的许多生物在比这短得多的每年的冬天就是这么做的。我可以造出孢囊来，我可以变成像植物一样能生存的形式，我可以进入冬眠状态，一直冬眠到漫长的冬天结束。如果火星上的生物确实是这样做的，我们现在到火星去可能早了12 000年，但也许是晚了12 000年！

这些想法是有办法加以检验的。在某种程度上，假想的火星生物可能从流水的重现来知道岁差期春天的到来。那么，就像琳达·萨根提到过的那样，可以用"加水"的办法来探寻火星上的生命。而这正是未来将来在火星着陆并探寻微生物的生物试验着手进行的事。人们利用一只自动手把两块火星土壤的试样丢在水里，而把第三块试样放进一个没有水的容器之中。如果前两个试验证明确有生物存在，而第三个试验却没有，那对于"火星上的生物正在等待着冬天的结束"的想法多少是个支持。

但完全有可能说，这些试验方案过于地球沙文主义了。很可能有一些火星生物对现在的环境完全适应，放到水里反而会淹死。把火星的生物看成是睡美人，正在等待着海盗号给她们施以滋润甜蜜的一吻——这个设想是一个不大会成功的，但是极为令人神往的尝试。

绝非所有的沟渠都与洛厄尔和夏帕雷利绘制的传统"运河"的位置相符合。有些地方，如塞劳尼厄斯，看来是山脉。另外一些地方目前还看不清详细情况。但是有一些沟渠，如科普雷茨，是火星表面的沟槽。火星上确实有沟渠，

这些沟渠可能有某些生物学上的涵义，和洛厄尔所想象的不相同（根据漫长的冬天这一模式假定），但这些沟渠也可能与火星生物学毫无关系。

洛厄尔设想的运河是不存在的，但夏帕雷利的"运河"却多少可以看得见。将来的某一天或许这些沟渠里会重新装满了水，还会有从地球上来访的平底舟在里面行驶，也未必可知呢。

火星会是第二个地球吗

科学家预言，人类有望于 100 年内在火星上种上树木，从而在未来几个世纪中将火星改造成一个绿色星球。

美国 NASA 和墨西哥国立自治大学的科学家们目前正在对墨西哥最高山脉奥里萨巴火山上的松树林进行研究，积雪皑皑的奥里萨巴火山是一座海拔 4200 米的死火山，该火山上一些松树林的海拔高度比地球上任何树木的位置都高。

科学家相信，如果他们能够释放出火星土壤中的隔热气体，增加火星表面的空气压力，开始光合作用，那么他们就能在火星上创造出一个支持吸氧生命的大气层。而最关键的一步，就是要能够在火星表面种活树木。

墨西哥国立自治大学教授拉菲尔·纳瓦罗·冈扎利兹说："这听起来有点像是科幻小说，但我们认为这是完全可行的。我们已经亲身体验了温室气体让地球气候变暖的过程，但在火星上，我们可以让这个过程来得更快。"据悉，为了找出在火星种树的秘诀，冈扎利兹已经对奥里萨巴火山上的松树林研究了整整 9 年的时间。

据美国 NASA 科学家克里斯·麦凯称，尽管离人类第一次载人登陆火星任务只有 10～15 年时间，但让火星表面温度变暖的"改造火星"实验，最早也要到 50 年后才能开始实施。

科学家相信，他们只要向火星大气中释放出类似甲烷或一氧化碳的"绝缘"气体，就能将火星表面的温度从现在的 $-55℃$ 增加到 $5℃$，而这种温度和松树葱郁的奥里萨巴火山 4200 米高处的温度已经非常相近。

尽管火星表面只有荒凉的岩石，大量的紫外线辐射，以及极端稀薄的二氧化碳空气，但人类却一直希望能在火星上发现生命。科学家相信火星极地的冰帽可以融化成海洋，而火星土壤中也包含生命需要的许多关键元素。当人类将

温室气体释放到火星大气中后,人类就可以将细菌带到火星上,让细菌进行光合作用,最后,科学家可以通过载人登陆火星,将树木种子带到火星上。

冈扎利兹说:"我们将探索人类殖民火星的可能性,但如果那儿已经有生命,我们就没有任何权利摧毁它们。不过,如果火星只是一个荒凉不毛的地方,我们就可以将地球上的生命带往那里。"冈扎利兹称,一旦火星种树计划成功实现,那么这颗贫瘠的行星将会被人类改造成一个拥有绿色平原、蓝色湖泊和丰富矿藏的新世界,这些矿藏将来甚至可以支援地球。

木星篇

木星是太阳系中最大的星星

木星是距离太阳第 5 近的行星，也是太阳系中最大的行星。它的质量是地球的 318 倍，半径达 71 400 千米，约是地球半径的 11 倍。它的体积是地球的 1316 倍，比其他七颗大行星体积的总和还要大，质量是其他七大行星总和的 2.5 倍。木星距离太阳 5.2 天文单位，即相距约 7.78 亿千米。

木星虽然体积庞大，但因距离太阳较远，所以看上去还不如金星明亮。也正因为远离太阳，它的表面温度比地球低很多，"先驱者 11 号"宇宙飞船测得它表面某处的温度仅为 -150℃。木星绕太阳公转一圈需要 11.86 年，几乎每年地球都有机会位于木星和太阳之间。在这样的时间段里，太阳落山时，木星正好升起，我们整夜都能看到它。

木星自转很快，自转一周只需 9 小时 50 分 30 秒。飞快地旋转速度使它的两极方向非常扁平，因此它的外形看起来有点像被压扁的球体。木星外面裹着一层厚达 12 万千米的大气层。木星快速的自转也带动大气层顶端的云层，以 35 400 千米/小时的速度旋转，这种高速度产生的离心力把云层拉成线丝，从而使木星云层在赤道上空高高隆起。

木星圆面上有许多带状纹，每条带状纹都与木星的赤道平行。这些带状纹是木星的大气环流。气体中亮的部分叫做"带"，是气体上升的地带；暗的部分叫做"条纹"，是气体下降的区域。

在木星赤道南侧的上空，有一块引人注目的大红斑。这个明显的标志自 1665 年发现以来，一直没有消失过，只是明暗、形状经常会发生变化。大部分天文学家认为，它可能是一个巨大的气体旋涡。

地球的忠实护卫——木星

在许多宗教人士看来，生命的存在毫无疑问应当归功于神的慷慨和仁慈。但实际上，我们或许更应该直接感谢太阳系中的第 5 颗行星——木星。现在，许多天文学家相信，木星在地球成为生命家园的过程中扮演了极其重要的角色。

长久以来，天文学家一直在争论这样一个问题：要成为一个人类和生物"可居住"的星球，究竟需要哪些条件？众所周知，对于生命而言，水是首先必备的条件。这意味着行星必须具有合适的温度，也就是说，距离恒星的位置既不能过远也不能太近。在我们身处的太阳系，"可居住"的地带分布在从地球轨道向内延伸至金星，向外延伸至火星这一广阔的区域。如果要使生命延续，行星的环境条件还必须在长时间内保持稳定。就是说，行星的运行轨道必须基本上为圆形，这样才能终年保持行星与恒星之间的距离相同。此外，行星还不能遭遇来自其他天体的剧烈碰撞，因为这种碰撞会影响行星的气候，并杀灭行星上的生物体。

凝望夜空，木星只是一个仅有针眼般大小的亮点，很难让人相信，它对地球的影响会如此之大。毕竟，这颗庞大的行星距离地球6.28亿千米，是地球与太阳之间距离的 4 倍。但许多天文学家认为，

人类应当将自身的存在归功于这个由氢和氦组成的庞大"气球"。在把水送到地球和把小行星及彗星对地球的破坏性撞击减轻至最低程度方面，木星功不可没。它的强大引力将诸如彗星这样的太空碎片清除得干干净净，为生命在地球上的演化创造了一个安全的环境。

纵观太阳系的历史，木星曾经扰乱了无数天体的运行轨道。由于木星的质量是地球的318倍，所以木星会对环绕它运行的天体产生巨大的引力。1994年3月，舒马克—利维9号彗星被木星的引力所牵引，从而偏离轨道进入木星的大气层，最终同木星发生了一连串猛烈的大碰撞，撞击升起的乌云有如地球般大小，释放的能量相当于每秒钟爆炸一颗广岛原子弹。巨大的爆炸力将彗星撕成了碎片，这些碎片在太空中绵延数百万千米。这颗彗星最后在木星大气层中留下了半个地球大小的痕迹，一年之后才渐渐消失。

当时，很多天文学家和天文爱好者观察到了这壮观的一幕。长久以来，木星吸引其他天体靠近自己，结果却是将这些天体朝太阳所在的方向抛去，使它们就此毁灭，这种抛射同航天科学家利用行星引力将宇宙飞船弹向前往目的地星球的快捷轨道很相似。不仅如此，木星还会把一些天体弹出太阳系。木星就像一个太空交通警察一样，指挥着那些四处乱飞的太空碎片。天文学家认为，木星至少为地球做了两件好事：当地球需要时，它将天体送入地球轨道；而一旦这些天体威胁到地球的安全时，则将它们清除干净。

木星对地球的功勋故事开始于将近50亿年前的早期太阳系。随着太阳系星云中的气体、尘埃和冰粒围绕着初期的太阳不停地旋转，这些微粒逐渐堆积结合，慢慢增大，形成由岩石和冰组成的大球体，最终这些大球体变成行星。天体之间的碰撞时有发生，太阳系因此充满了各种各样的碎片。在地球刚刚形成

后的最初 5 亿年中，无数大大小小的冰块和岩石频繁地撞向地球。天文学家把这一时期称为"轰炸年代"。

许多天体之所以没撞向地球，完全是拜木星所赐。木星的巨大引力扰乱了地球远方的彗星和附近小行星的轨道。在木星和现在的火星之间那片挤满了小行星的区域，"木星忙碌得就像是锅里不停搅动的汤勺。"美国亚利桑那大学的天文学家乔纳森·卢恩说。

这口大锅里如此繁忙，对人类来说却很可能是一件幸运的事——许多天体因此将水带到了早期干涸的地球。因为当时的地球仍然非常炽热，地球本土的水被蒸发得无影无踪。从遥远的外层空间飞来的天体把大量的水（水在这些天体上以冰的形态存在）带到了地球。正是天体对地球的猛烈撞击，地球表面形成了海洋，因为撞击产生的极高热量使地球大气温度急剧升高，整个大气层有如一间巨大的桑拿浴室。水蒸气逐渐冷却后凝结成雨，回到地球表面。卢恩和他的同事们用电脑对这一过程进行模拟，结果表明，如果没有木星，就不可能有足够的水来填满地球的海洋。

电脑模拟还表明，那些曾经存在于火星和木星之间那条小行星带里的巨大的"超级小行星"，就是地球之水的主要源头。有证据显示，地球海洋里所含氢的同位素比例和来自小行星带的陨星是一样的，而来自太阳系外围的天体所含氢的同位素比例却和地球大不相同。

不过，这种经常性的撞击对于一个可居住的行星来说，却是承受不起的。不少科学家相信，正是 6500 万年前的一次彗星撞地球使恐龙灭绝了。地球早期大部分物种的灭绝可能也是由于天体大冲撞所致。从太阳系的早期开始，忙碌的木星一方面随心所欲地把靠近自己的一些天体拖向地球，一方面又把另一些天体抛出太阳系，从而有效地清除了太阳系中绝大部分的太空碎片。

"轰炸年代"渐渐平息之后，从大约 40 亿年前开始，地球和其他行星一直处于相对安宁的环境。据估计，像直径达到 10 千米的天体撞击地球，并使恐龙灭绝的事件，如今每 1 亿年才可能发生 1 次。据天文学家乔治·韦斯里的计算，如果没有木星，地球遭到其他天体撞击的频率将是现在的 1 万倍。也就是说，每 1 万年我们就要遭受一次足以让恐龙灭绝那样严重的撞击。顽强的微生物或许还能幸免于难，但是像哺乳动物一样庞大而复杂的生物体却难以存活。

可以想象，如果没有木星，整个太阳系大概会是另一番模样。太阳系中将会增加至少一颗行星，因为在木星和火星之间的小行星将会相互结合，而不是像现在一样被木星的引力驱散；火星的体积大概会比现在要大得多；太阳系中可能出现3个可以居住的行星，而不是像现在只有地球这1个；因为有了强大的引力，火星也可能拥有大气层，而不是像现在这样没有什么大气层；更大的火星内核会产生更强大的磁场，从而保护火星表面不像现在这样受宇宙射线的伤害；更大的质量还能产生足够的内热，驱动板块构造的进行，从而有助于稳定行星的气候和生成各种不同的地形；这颗假想的行星甚至可以长大到足以支持生命的成长。所以具有戏剧性的是，当木星对地球上的生命起着促进作用的同时，却阻碍了生命在其他行星上的成长。

天文学家说，如果木星距离太阳的位置比现在更近或更远，所带来的后果都将非常可怕。如果木星距离太阳更近，将会使地球偏离轨道，可能朝着太阳的方向飞去，或者跑出太阳系；如果木星位于小行星带的中央，则可能会迅速驱散小行星，使它们的水分过早到达地球，而当时仍然非常炽热的地球会很快将水分蒸发掉；如果木星距离太阳更远，它对小行星带就不会产生多大影响，甚至可能允许在小行星带里形成新的行星，但同时它还可能从更遥远的地方引来彗星，从而给内行星提供水分。

木星形成的速度同样具有深远的意义。如果木星变得像现在这么大，但所用的时间比实际少得多，那么它对其他行星所产生的影响会开始得更早，而且更富戏剧性。传统理论认为，木星是在长达1000万年的时间内形成的，首先形成一个岩质的内核，然后逐渐长大到地球质量的10~15倍，接着吸引气体使体积增大到现在的大小。

但是在1997年，行星科学家阿伦·波士提出了不同看法。他认为，木星是由太阳系星云气体中的不规则物质直接聚合而成的，其形成过程仅需耗时几百年。如果像木星和土星一样的气态大行星果真是在如此短时间里形成的，那么它们就应该对像地球那样的邻居产生更大的影响。

木星轨道的形状也至关重要。幸运的是，它大致是一个圆形。如果一颗庞大行星的轨道呈椭圆或其他非正圆形状，就必然会扰乱其他行星的运行轨道，甚至打乱整个星系。这些行星或许最终能在非正圆轨道中达到平衡，但也有可能最终被抛出太阳系。对地球来说，哪怕运行轨道只比现在的轨道偏离一点点，地球上的生命都将遭遇到难以想象的酷暑和严冬。

"地球上之所以能够有生命存在，全赖木星处在合适的位置，并且在合适的时间发挥了恰到好处的作用。这一事实表明，要想在宇宙的其他地方找到生命并不容易，因为像木星这样的'生命施主'可能在其他星系里非常罕见。"这种观点发表在《珍贵的地球》一书中，作者是华盛顿大学的古生物学家彼得·沃德和天文学家唐纳德·布朗宁。

他们认为，在宇宙中可能到处都能发现微生物的踪迹，但是更复杂的生物，特别是有智慧的生物却可能非常罕见。布朗宁说："大概所有的行星系统都存在生命，也许在我们身处的太阳系中，甚至就有多达六七颗星球存在或者曾经存在生命。当然我指的是微生物而非动植物。"即便是在地球这样一个看上去对生命极为友好的地方，也花了长达近 40 多亿年的时间，才出现了能够用肉眼看到的动物。

要使一颗行星能够成为复杂生物的栖息地，沃德和布朗宁列出了许多条件：同恒星保持合适的距离；要有适当的质量；必须为板块地质构造；有卫星；自转轴具有适当的倾斜度；大气物质的化学组成必须适当；该行星所处的恒星系统必须位于整个星系中最适宜生命存在的位置。其中，存在像木星那样的"生命施主"是最为重要的条件之一。

当然，并不是所有的天文学家都同意这样的观点。美国夏威夷大学的多比亚斯·欧文就认为下这样的结论为时过早，特别是在对星系的探索飞跃发展的今天。"从太阳系推断到外层空间应该慎之又慎。"他说，"仅凭个别例子就妄下论断是十分危险的，我们应该学会保持谦逊的态度。这就是为什么寻找并研究太阳系外的星系会如此的重要。"

寻找新的世界——太阳系以外的行星系统，正是天文学家们现在正在进行的工作。直到 1994 年，我们对太阳系以外是否存在行星还一无所知，可是随着观测技术的发展，例如哈勃太空望远镜的问世，如今科学家们已经发现了超过 70 颗太阳外的行星，而且肯定还会有更多这样的行星将被发现。在这场寻找行星的革命当中，每个人都想知道，究竟能不能够找到像地球一样有生命存在的行星？由于太阳系以外的空间是如此广大，为了让这种寻找更加卓有成效，

　　许多人建议集中观测那些其中存在像木星那样的大行星的恒星系统。

　　然而直到最近，寻找地外生命的前景仍不令人乐观。科学家们仅仅发现了一些"坏木星"——体积庞大，转速高得可怕。不过，迄今为止所找到的太阳系外的行星或许并不能代表外层空间的真实面目，因为目前所运用的方法只能找到那些轨道为非正圆的大行星和轨道长度较短的行星。

　　有人预言，要想知道木星在宇宙中究竟是普普通通还是独一无二，只是一个时间问题。事实上，就在2002年8月，在大熊星座北斗七星的下方已经发现了第一颗"好木星"的存在。

揭秘木星之谜

木星由90%的氢和10%的氦（原子数之比，75/25%的质量比）及微量的甲烷、水、氨水和"石头"组成。这与形成整个太阳系原始太阳系星云的组成十分相似。土星有一个类似的组成，但天王星与海王星的组成中，氢和氦的量就少一些了。

我们得到的有关木星内部结构的资料（及其他气态行星）来源很不直接，并有了很长时间的停滞。（来自"伽利略号"的木星大气数据只探测到了云层下150千米处。）

木星可能有一个石质的内核，相当于10~15个地球的质量。内核上则是大部分的行星物质集结地，以液态氢的形式存在。这些木星上最普通的形式基础可能只在40亿帕的压强下才存在，木星内部就是这种环境（土星也是）。液态金属氢由离子化的质子与电子组成（类似于太阳的内部，不过温度低多了）。在木星内部的温度压强下，氢气是液态的，而非气态，这使它成为了木星磁场的电子指挥者与根源。同样在这一层也可能含有一些氦和微量的冰。

最外层主要由普通的氢气与氦气分子组成，它们在内部是液体，而在较外部则气体化了，我们所能看到的就是这深邃的一层的较高处。水、二氧化碳、甲烷及其他一些简单气体分子在此处也有一点儿。

云层的3个明显分层中被认为存在着氨冰——氨水硫化物和冰水混合物。然而，来自"伽利略号"证明的初步结果表明云层中这些物质极其稀少（一个仪器看来已检测了最外层，另一个同时可能已检测了第二外层）。但这次证明的地表位置十分不同寻常，基于地球的望远镜观察及更多的来自"伽利略号"轨道飞船的最近观察，提示这次证明所选的区域很可能是那时候木星表面最温暖又是云层最少的地区。

来自"伽利略号"的大气层数据同样证明那里的水比预计的少得多，原先预计木星大气所包含的氧是目前太阳的两倍（算上充足的氢来生成水），但目前实际集中的比太阳要少。另外一个惊人的消息是大气外层的高温和它的密度。

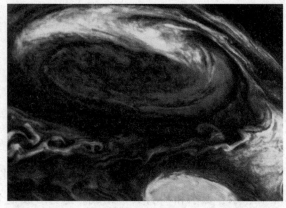

木星和其他气态行星表面有高速飓风，并被限制在狭小的纬度范围内，在接近纬度的风吹的方向又与其相反。这些中、轻微的化学成分与温度变化造成了多彩的地表带，支配着行星的外貌。光亮的表面带被称作区（zones），暗的叫做带（belts）。这些木星上的带子很早就被人们知道了，但带子边界地带的旋涡则由"旅行者号"飞船第一次发现。"伽利略号"飞船发回的数据表明表面风速比预料的快得多（大于400英里每小时），并延伸到跟所能观察到的一样深的地方，向内延伸有数千千米。木星的大气层也相当紊乱，这表明由于它内部的热量使得飓风急速运动，不像地球只从太阳处获取热量。

木星与气态行星所能达到的最大直径一致。如果组成又有所增加，它将因重力而被压缩，使得全球半径只稍微增加一点儿。一颗恒星变大只能是因为内部的热源（核能）关系，但木星要变成恒星的话，质量起码要再变大80倍。

宇宙飞船发回的考察结果表明，木星有较强的磁场，表面磁场强度达3~14高斯，比地球表面磁场强得多（地球表面磁场强度只有0.3~0.8高斯）。木星磁场和地球的一样，是偶极的，磁轴和自转轴之间有10°8′的倾角。木星的正磁极指的不是北极，而是南极，这与地球的情况正好相反。由于木星磁场与太阳风的相互作用，形成了木星磁层。木星磁层的范围大而且结构复杂，在距离木星140万~700万千米之间的巨大空间都是木星的磁层；而地球的磁层只在距地心5万~7万千米的范围内。木星的4个大卫星都被木星的磁层所屏蔽，使之免遭太阳风的袭击。地球周围有条称为"范艾伦带"的辐射带，木星周围也有这样的辐射带。"旅行者1号"还发现木星背向太阳的一面有3万千米长的北极光。1981 年初，当"旅行者 2 号"早已离开木星磁层飞奔土星的途中，曾再次受到木星磁场的影响。由此看来，木星磁尾至少拖长到 6000 万千米，已达到土星的轨道上。木星的两极有极光，这似乎是从木卫一上火山喷发出的物质沿着木星的引力线进入木星大气而形成的。木星有光环。光环系统是太阳系巨行星的一个共同特征，主要由小石块和雪团等物质组成。木星的光环很难观测到，它没有土星那么显著壮观，但也可以分成 4 圈。木星环约有 6500 千米宽，但厚度不到 10 千米。

揭秘彗星撞木星

　　苏梅克—列维 9 号彗星是一颗周期彗星，公转周期是 11 年。1993 年 3 月 27 日，天文学家发现这颗彗星分裂成了 21 块碎块，就好像飘荡在太空中的一串珠链。当时的天文学家认为，当这串"珠链"从木星身边穿过时，会被木星引力所捕获，并在 1994 年 7 月 17 日至 22 日之间会撞向木星。

　　1994 年 7 月 22 日，苏梅克—列维 9 号彗星的碎块，先后冲向木星，变成了木星上的尘埃，从此消失了。这次碰撞产生的能量，相当于 20 亿颗广岛原子弹爆炸的威力！爆炸产生的火球，直径达 10 千米，温度达 7000℃以上，比太阳表面的温度还要高。爆炸产生的抛射物，以每秒 10 多千米的速度冲上 3000 多千米的高空，形成了一个直径达 10 000 多千米的暗黑色尘埃云团，几乎和地球同样大小。这个尘埃云团，一直存在了几个月之久。天文学家们发现，尽管相隔如此遥远的距离，从地球望远镜所拍摄的照片上，却仍能明显地看到苏梅克—列维 9 号彗星在木星上撞击出来的暗斑。

木星是未来的太阳之说

木星是八大行星中最大的一颗，可称得上是"八星之王"了。按距离太阳由近及远的次序排第 5 颗。在天文学上，把木星这类巨大的行星称为"巨行星"。木星还是天空中最亮的星星之一，亮度仅次于金星，比最亮的恒星天狼星还亮。

在我国古代，木星曾被人们用来定岁纪年，由此而被称做"岁星"。西方天文学家称木星为"朱庇特"，朱庇特是罗马神话中的众神之王，相当于希腊神话中无所不能的宙斯。

木星是一个扁球体，它的赤道直径约为 142 800 千米，是地球的 11.2 倍；体积则是地球的 1316 倍；而它的质量是太阳系所有行星、卫星、小行星和流星体质量总和的一倍半，也就是地球质量的 318 倍。如果把地球和木星放在一起，就如同芝麻与西瓜之比一样悬殊。但木星的密度很低，平均密度仅为1.33 克/立方厘米。

木星大气的成分和太阳差不多，中心温度达 30 000℃，上层大气的温度却在 –140℃ 左右。木星上还有很强的磁场，表面的磁场强度大约是地球磁场的 10 倍。木星的内部结构也与众不同，它没有固体外壳，在浓密的大气之下是液态氢组成的海洋。木星的内部是由铁

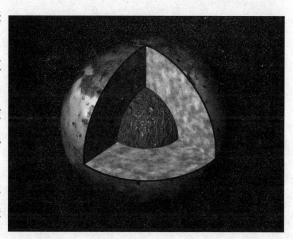

和硅组成的固体核，称为木星核，温度高达 30 000℃。

木星自转速度非常快，是太阳系中自转最快的行星。它的自转轴几乎与轨道面相垂直。由于自转很快，星体的扁率相当大，借助望远镜，就能看出木星呈扁圆状。木星在一个椭圆轨道上以每秒 13 千米的速度围绕着太阳公转，轨道的半长径约为 5.2 天文单位。它绕太阳公转一周约需 11.86 年，所以木星的一年大约相当于地球的 12 年。

木星表面有红、褐、白等五彩缤纷的条纹图案，可以推测木星大气中的风向是平行于赤道方向，因区域的不同而交互吹着西风及东风，是木星大气的一项明显特征。大气中含有极微的甲烷、乙烷之类的有机成分，而且有打雷现象，生成有机物的概率相当大。

木星表面最大的特征，首推南半球的大红斑。这个巨大的圆形旋涡超过地球直径的 3 倍。大红斑的艳丽红色令人印象深刻，颜色似乎来自红磷。

木星是太阳系中卫星数目较多的一颗行星。迄今为止我们已经发现木星有 16 颗卫星，它们与木星组成了一个家族——木星系。

土星篇

最美的行星

在太阳系的八大行星中，土星是公认的最美丽的行星。它的表面呈淡淡的橘黄色，赤道上空有一个发光的环围绕着，好像戴了一顶高贵典雅的帽子。土星绕太阳一圈大约需要 29 年半才能完成，但自转速度较快，自转周期短，只需要 10 个多小时。由于它自转速度快，产生的离心力大，导致它的外形偏扁。

土星的赤道与公转轨道有 27° 的倾角，与地球的 23° 倾角非常相似。当土星公转时，两个半球交替朝向太阳。这种交替循环形成了土星的四季变化，这与我们地球的四季成因相同。

科学家认为，土星的中心是一个岩石核，外围是一层压缩的冰块，冰块外面裹着由氢和氦等气体构成的大气圈。土星斜着身子绕太阳转动，当它的北极朝向太阳时，那里由于长时间低温而凝结成细小颗粒的氮，被太阳光急剧加热升温，升华成氮气，并一直上升直到抵达低温的云顶，形成光亮的白云，我们称之为"大白斑"。

与地球相比，土星的直径是地球的 9.5 倍，体积是地球的 730 倍。土星的核心外面没有像地球那样的幔和壳，只有核外的冰层和与之相连的大气。因此，它虽然体积很大，但密度却很小。水的密度为 1000 千克/立方米，土星的密度只有水的 70%，假如把土星放在水中，它会漂浮在水面上。

土星表面的温度约为 -140℃，云顶温度为 -170℃，比木星还低。由于土星表面温度较低，且物质逃逸速度慢，从而保留着几十亿年前形成时所拥有的几乎全部的氢和氦。因此，科学家认为，研究土星目前的成分就等于研究太阳系形成初期的原始成分，对于了解太阳内部活动及其演化很有帮助。

土星环之谜

伽利略是历史上著名的意大利天文学家，他曾有过许多重大的天文发现。他用很原始的自制望远镜，发现了环绕木星运行的那些新世界——木星的一系列卫星，观测了太阳被木星覆盖时所形成的"掩星"现象，还探索了月球上的陨石坑。但是，当伽利略在1610年把他的那架望远镜对准一颗行星时，甚至他都大吃一惊。

这颗行星看上去和太阳系里的所有其他行星都不同。在17世纪的望远镜镜头中，这颗行星是一颗明亮的星星，它的两侧有两颗稍暗的星星紧密相伴——这模糊地暗示着，这颗行星有着壮观的环。

这颗行星就是土星。在发现了土星的环之后，伽利略做了一件和土星一样不同寻常的事。他想把自己见到的壮观奇景告诉给所有人，但在他进一步研究这颗令人迷惑不解的行星同时，他又想为自己的工作保密。于是，他用密码公布了自己的发现。密码译出后，意为"我观察到了由3部分组成的行星最高形式"。

现在，只需要使用在任何百货商店里都能买到的普通天文望远镜，任何人都能比伽利略更清晰地观察到土星的环。然而，土星的环对现代人来说，仍和400年前一样是一个谜。任何初次观测土星的人，都会在望远镜前惊得目瞪口呆。

美国航空航天局艾姆斯研究中心的天文学家杰夫·古奇说："尽管已过去了这么长时间，我们仍不知道土星的环起源于什么。"天文学家们曾经认为，土星的环是与土星同时形成的——4.8亿年前，太阳和太阳系中的所有行星均从旋转的星际气体云中聚合

而出。古奇说："但是，近来有越来越多的天文学家意识到，土星的环其实不应该像土星本身那么古老。"

古奇猜测认为，几亿年前——也就是最早期的恐龙在地球上游荡之时，土星还没有明亮的环。接着，发生了惊天动地的事——一颗来自太阳系外侧、月亮般大小的天体在从土星附近飞过时，被土星强大的潮汐力撕裂成碎片；或者，一颗小行星撞击了土星已有的卫星之一，也产生了大量碎片。这些碎片包围了土星，最终就形成了今天所见的土星环。

组成土星环的粒子大小从不到 1 毫米至几米不等。古奇说，如果把这些粒子聚合在一起，就可形成一颗直径达 100～200 千米的冰质卫星——就像土星今日的卫星米马斯。

土星的环之薄，简直令人惊奇。古奇说："土星的环有 25 万千米宽，却只有几十米厚。如果把它的面积看做是旧金山市那么大，那么它的厚度还不到一把剪刀刃的万分之一。"

土星的环为什么会这么薄呢？古奇认为，土星的环最初像油炸面圈那么"胖"，但环中粒子之间的碰撞是非弹性的，随着时间的推移，环就变得越来越扁平，越来越薄了。非弹性碰撞是指像两团泥土碰在一起时那种不产生反弹的碰撞。如果环中粒子发生了较大规模的上下垂直运动，碰撞效应也会阻碍这些运动。这样，环中粒子最终就"定居"在了它们的平均轨道面上，环也就从油炸面圈变成了老式的留声机唱片形状。

至于为什么说土星的环还很年轻，古奇认为有两个理由。首先，土星的环很明亮，还像新的东西一样闪光。这初看有些不可思议，但细想一下随着土星围绕太阳运行，伸展得很宽的土星环会扫荡由彗星和小行星碎片组成的太空尘埃；假如土星环比几亿年古老得多，那么长期累积的太空尘埃就会令环变暗。而当今所见的土星环很明亮，因此暗示它并不古老。其次，在土星环的最远区域运行的小卫星会盗取环的角动量。古奇推测认为："在未来几亿年中，土星环的外半层会朝着土星本身坍塌，而那些被称为'牧羊星'的小卫星则会被抛向远方。这是一种年轻的动力系统。"换句话说，如果土星环不是这么年轻，上述后果早就该出现了。

也许很难想象，在上述两个理由中，第一个（即明亮的环）比第二个（即角动量）更不确定。古奇解释说："因为我们还不清楚土星轨道中是否有足够的尘埃来玷污土星环，并让环变暗。"

20世纪80年代早期，当"旅行者"号飞船探访土星时，曾拍下了土星的许多近距离照片，显示土星环中有许多奇怪的现象，包括"棍子""辫子"和"波纹"，其中一些"波纹"呈螺旋状。古奇认为，如果哪位宇航员有朝一日能在土星环中飞行，就会发现这些"波纹"其实是一些不太剧烈的隆起——高几千米、宽几百千米，它们每几天或几周绕土星环运行一圈。这些螺旋形"波纹"是由来自土星卫星的引力拖曳而形成的，而这些卫星正是吞噬土星环角动量的那些"家伙"。

土星环中诸如"棍子""辫子"以及不规则"波纹"等其他怪异现象，目前仍然是谜。其中一些可能是太空岩石钻进土星环时的迹象，另一些则可能是尚未被发现的更小卫星在土星环中"乘风破浪"时的迹象。究竟是否如此，将环绕土星数年的"卡西尼号"应该能找到确切答案。

在许多科幻小说中，外星人都对土星感到惊讶不已，就好像它们自己的太阳系中没有像土星这么美丽的有环行星。按照古奇的说法，土星的环或许真的是罕有的奇观。"如果土星的环正如我们所想象的那样短命，我们真的应该为现在还能看到它而感到幸运！"

实际上，我们的太阳系中还有其他大行星也有环，但它们的环远不如土星的环明亮，也比土星环的质量小许多。现在已知，当木星的卫星遭到陨星撞击时，飞出的残片就形成了木星的环。但还无人知道，海王星和天王星的暗色的环是由什么构成的，不过，古奇认为它们也是由小行星撞击小卫星时飞出的残片形成的。

如果古奇的猜测无误，数亿年之后，土星的环将向内塌陷，那时我们的太阳系将比现在逊色一些。也许，那时的人类星际旅行者将在其他银河系里看见数不清的有环行星，反而不再关心土星发生了什么事了。另一方面，也许土星的环确实是银河奇观，遥远未来的超级工程师们将能测量并保存它。

究竟如何，无人知道。我们能确信的只是土星环现在还很可爱。如果它真的正在消失，那就不仅可爱而且珍贵了。所以，千万不要丢掉观测、欣赏它的机会哟！

由甲烷迷雾引发的猜想

太阳系里的所有行星，除了地球之外，火星可以说是公认最有孕育生命潜力的了，可能现在有生命存在，也可能是曾经有过生命。火星有许多与地球相似的特性，例如，形成过程、早期气候史、有水储存，以及火山和其他地质活动，等等，这些可能正是微生物所需要的。

而另一个经常被列入讨论，认为可能有外星生物存在的，则是土星的最大卫星——土卫六（Titan）。刚生成的土卫六，曾经有利于生命前驱分子形成的环境，有些科学家相信土卫六上曾经有过生命，甚至可能现在就正有生命存在着。

这些可能性更引人关注的是，天文学家研究这两个天体时，都侦测到一种经常伴随生命出现、与生命息息相关的气体——甲烷。火星上的甲烷量虽不多，但很显著；而土卫六则几乎为甲烷所覆盖。

甲烷来自生物的可能性，不亚于来自地质活动的可能性，就算在土卫六上不是，至少在火星上是如此。这两种可能性以不同的方式解释甲烷的出现，而且都相当合理，这显示我们在宇宙中或许没有那么孤单，不然就是在火星与土卫六的地底下，都有大量的液态水，并且伴随着出乎意料的地球化学

活动。如果能够了解这些天体上甲烷的来源与命运，将可以得到至关重要的线索，我们得以更了解太阳系内甚至太阳系外那些类似地球的天体，包含其形塑过程、演化和生命存在的可能性。

在木星、土星、天王星与海王星这些巨行星上，甲烷的含量很高，这是原始太阳星云经化学作用后的产物。不过在地球的大气中，甲烷却属于特殊气体，含量只有1750ppbv（1ppbv表示体积比率为十亿分之一），其中有90%～95%是来自生物。草食性的有蹄动物如牛、羊和牦牛等，排出的甲烷占全球甲烷年排放量的1/5；这些气体是来自它们肠子里细菌作用后的新陈代谢产物。其他重要的来源，包含了白蚁、稻田、沼泽以及天然气（天然气也是古代生命所形成），还有赤道雨林植物也会释放出甲烷。

在地球上，火山作用所产生的甲烷占总量不到0.2%，而且经由火山作用所排出的，甚至可能是古代有机体所产生的甲烷。相较之下，来自非生命作用的甲烷，例如工业过程所产生的，就不是那么重要了。因此，一旦在其他类似地球的天体上侦测到甲烷，自然也就提高了该天体有生命存在的可能性。就在2003年与2004年，有3个独立的研究团队宣布在火星大气中发现甲烷。美国航天总署（NASA）哥达德太空飞行中心的孟玛（Michael Mumma）带领研究团队，利用位于夏威夷的红外线望远镜与位于智利的双子星天文台南座望远镜，以高分辨率光谱仪侦测到火星上甲烷的浓度超过250ppbv，浓度随着地点而不同，可能也会随着时间而变。

任职于罗马物理与行星际科学研究所的佛米沙诺（Vittorio Formisano）与同事分析了数千个搜集自火星快递轨道卫星的红外线光谱，发现的甲烷含量低得多，0～3.5ppbv。一般行星的平均值接近10ppbv。后来，美国天主教大学的斯若波斯基（Vladimir Krasnopolsky）和同事利用加法夏望远镜（CFHT）测量到的行星平均值约为10ppbv，不过因为信号与空间解析力不够，他们无法测量到在行星上的变化情形。

孟玛的研究团队正在重新分析他们的资料，想找出为什么数值会有这么大的差距。以目前来说，人们会把10ppbv的值当做是最有可能的。这样的甲烷浓度（单位体积的分子数）相当于地球大气中甲烷浓度的十万分之四。不过，即使是这么低的含量，也仍需要解释。

　　虽然天文学家早在 1944 年就已经侦测到土卫六上的甲烷，不过这只是当时发现氮的附加发现，过了 36 年，氮的发现广泛引起各界对这个寒冷且遥远卫星的兴趣。氮是氨基酸与核酸等生物分子的关键成分，所以大气中含有氮和甲烷，加上地面气压是地球大气压力的 1.5 倍，可能正提供了生命前驱分子所需的要素，有些人推测，这里甚至可能有生命形成。

　　要维持土卫六厚重且充满氮的大气，甲烷扮演着具控制性的中心角色。甲烷是碳氢化合物的来源，它吸收了太阳的红外线辐射，并且使平流层增温将近100℃，在对流层内，则是氢分子的碰撞使对流层升温 20℃。如果甲烷用尽，温度会下降，氮气就会凝结形成液态的雨，大气也因而瓦解，土卫六的特性将会永久改变，它的烟雾和云会消散。看似一直在雕刻着地表的甲烷雨会停止，湖泊、水坑与河流将会干涸。而且，因为掀去了覆盖的面纱，土卫六荒凉的地表将得以赤裸裸地呈现，在地球上可以用望远镜直接看清楚，那么，土卫六将不再具有神秘感，并且成为有着薄薄大气的一颗普通卫星。

　　火星和土卫六上的甲烷，是像地球一样来自生命？抑或是有其他的解释，例如火山、彗星与陨石的撞击？若把地球物理、化学与生物作用的相关知识应用在火星上，有助于缩小可能的来源范围，而许多相同的论点应用在土卫六上也相当吻合。

　　要回答这样的问题，第一个步骤必须要得知甲烷产生或由某处逸出的速率，那么，得先反过来测量大气中甲烷减少的速率。在火星地表海拔 60 千米以上，太阳的紫外线辐射会分解甲烷分子，在较低层的大气，则是水分子会因紫外线光子的照射而分解，形成氧原子和羟基（OH），而使甲烷氧化。在没有补充的情况之下，甲烷会逐渐从大气中消失。

　　甲烷生命期的定义为，在原有的大气中，甲烷浓度因凝结而降为原本的 $1/e$ 倍（e 为数学常数，约 2.7182818284）或约 $1/3$ 倍时所花费的时间，在火星上是 300～600 年。甲烷生命期会依水气含量（随季节改变）、太阳辐射强度（随着火星公转而周期性变化）而有所不同。在地球上，相似过程所造成的甲烷生命期约为 10 年。在土卫六上，太阳的紫外线辐射弱得多，而且含氧分子的数量也稀少许多，因此甲烷生命期可以长达 1000 万至 1 亿年（在地质时间尺度来讲仍然算短）。

在火星上，甲烷的生命期够长，风和扩散作用应该有充裕的时间可以使甲烷与大气均匀混合才对，这么一来，甲烷浓度随着地点而改变的这个观测结果，就很令人不解了。这表示甲烷气体可能是来自某些局部地区，或是在某些地区会因土壤吸收而减少。容易和甲烷发生化学反应的土壤，可能就是储存甲烷的地方，它们使甲烷的量加速减少。如果真有这样额外的储存机制在运作，那么这就是让甲烷量得以维持在观测值的一个重要来源。

下一个步骤是要考虑形成甲烷的可能情形。先研究火星是个不错的开始，因为这颗红色行星上的甲烷含量很低，如果一个机制连这么少的含量都无法解释，就更别说要解释土卫六上那么大量的甲烷了。以生命期600年的情形来说，要使全火星平均甲烷浓度维持在10ppbv的定值，每年所产生的甲烷必须略多于100吨，这大约是地球上甲烷产生率的二十五万分之一。

和地球上相同的是，火山可能不是最重要的因素。火星上的火山已经沉寂了数亿年，而且，如果火山爆发喷发出甲烷，应该同时也会喷发出大量的二氧化硫，但是火星的大气中却缺乏含硫化合物。外层空间来的贡献看来也相当微小，根据估计，每年约有2000吨的微流星体尘埃来到火星表面，其中碳的质量不到1%，即使这些物质大多被氧化，也只会是甲烷不太重要的来源。彗星的整体质量中，甲烷约占1%，但是平均每6000万年彗星才撞击火星一次，因此，每年彗星所递送的甲烷量大约1吨，不到所需的1%。

那么，会不会是最近有颗彗星撞上了火星？它带来大量的甲烷，经过一段时间后，在大气中的含量降低到了目前的数值。100年前一颗直径200米的彗星撞击，或是2000年前一颗直径500米的彗星，都可以提供足够的甲烷，以符合现在观测到的平均含量10ppbv。但是此想法也遭遇问题：火星上甲烷的分布不是均匀的。要使甲烷在各方向都均匀分布，只需几个月。因此，从彗星撞击而来的甲烷最终应该会均匀分布，这和观测结果相矛盾。

披着美丽外衣的行星——土星

　　土星是太阳系八大行星之一，按离太阳由近及远的次序是第6颗；按体积和质量都排在第二位，仅次于木星。它和木星在很多方面都很相似，也是一颗"巨行星"。从望远镜里看去，土星好像是一顶漂亮的遮阳帽飘行在茫茫宇宙中。它那淡黄色的、橘子形状的星体四周飘浮着绚烂多姿的彩云，腰部缠绕着光彩夺目的光环，可算是太阳系中最美丽的行星了。

　　古时候，我们称土星为"镇星"或"填星"，而西方则称之为克洛诺斯。无论是东方还是西方，都把这颗星与人类密切相关的农业联系在一起。

　　土星是扁球形的，它的赤道直径有12万千米，是地球的9.5倍，两极半径与赤道半径之比为0.912，赤道半径与两极半径相差的部分几乎等于地球半径。土星质量是地球的95.18倍，体积是地球的730倍。虽然体积庞大，但密度却很小，每立方厘米只有0.7克。

　　土星内部也与木星相似，有一个岩石构成的核心。核的外面是5000千米厚的冰层和8000千米的金属氢组成的壳层，最外面被色彩斑斓的云带包围着。土星的大气运动比较平静，表面温度很低，约为-140℃。

　　土星以平均每秒9.64千米的速度斜着身子绕太阳公转，其轨道半径约为14亿千米，公转速度较慢，绕太阳一周需29.5年，可是它的自转很快，赤道上的自转周期是10小时14分钟。

　　土星的美丽光环是由无数个小块物体组成的，它们在土星赤道面上绕土星旋转。土星还是太阳系中卫星数目最多的一颗行星，周围有许多大大小小的卫星紧紧围绕着它旋转，就像一个小家族。到目前为止，总共发现了62颗。土星卫星的形态各种各样，五花八门，使天文学家们对它们产生了极大的兴趣。最著名的"土卫六"上有大气，是目前发现的太阳系卫星中，唯一有大气存在的天体。

美国国立光学天文台的科
学家们在研究"旅行者 2 号"
发回的土星照片时，发现了一
个奇怪的现象：在土星的北极
上空有个六角形的云团。这个
云团以北极点为中心，并按照
土星自转的速度旋转。土星北
极的六角形云团并不是"旅
行者 2 号"直接拍到，因为

"旅行者 2 号"并没有直接飞越土星北极上空。但它在土星周围绕行时，从各个
角度拍下了土星照片。天文学家们把那些照片合成以后，才看清了土星北极上
空的全貌，也才发现了那个六角形云团。土星北极上空六角形云团的出现，促
使科学家们不得不重新认识土星。

卫星数目最多

在茫茫夜空中，土星很容易被眼睛看到。虽然不像木星那么明亮，但因为它不会像恒星那样"闪烁"很容易被认出是颗行星。土星还是太阳系中卫星数目最多的一颗行星，有许多大大小小的卫星紧紧围绕着它旋转，如同一个家族。到目前为止，已发现了超过 60 颗土星卫星。土星卫星的形态各异，五花八门，这让天文学家们对它们产生了很大的兴趣。其中以 1655 年由荷兰天文学家惠更斯发现的"土卫六"最为著名，"土卫六"上有大气，是目前发现的太阳系卫星中唯一有大气存在的天体。

天王星、海王星篇

天王星发现之谜

这是一个很平常的日子，英国天文学家赫歇尔跟往常一样，在妹妹加罗琳（1750～1848年）的陪同下，用自己制造的口径为16厘米、焦距为213厘米反射望远镜，对着夜空热心地进行巡天观测。当他把望远镜指向双子座时，他发现有一颗很奇妙的星星，乍一看像是一颗恒星，一闪一闪地发光，引起了他的注意。

第二天晚上，他又继续观测。原来这颗星还在移动，尽管这颗星没有朦胧的彗发，也没有彗尾，肯定不是一颗恒星。但他以"关于一颗彗星的探讨"为题提出报告。

经过一段时间的观测和计算之后，这颗一直被看做是"彗星"的新天体，实际上是一颗在土星轨道外面的大行星，太阳系的范围一下子被扩大了整整一倍之多。

天王星离太阳系28亿8千多千米，而土星离太阳系约14亿千米。天王星的发现使赫歇尔闻名于世，并被英王任命为皇家天文学家。此后，他致力于天文学，一生中做出过许多贡献。

天王星被发现以后，立即成为天文学家们的重要观测对象，都想目睹这颗大行星的真面目。在人们观测和计算中，发现天王星理论计算位置与实际观测位置总有误差。法国天文学家布瓦尔受法国经度局的委托，计算了3颗最大和最远的行星，木星、土星和天王星的位置。对于木星和土星，计算结果与实际观测十分相符，唯独对于当时所知的最远天王星的结果总是不能令人满意。与1821年计算结果相隔不到10年，1830年就发现了计算的位置与观测的结果，两者之间的差异达20″。到了1845年，这个误差值便超过2秒，即在15年间扩大了6倍！这么大的误差对于天文学家是无法容忍的。而且这个误差随着时间在一个劲地增大。人们由此得出结论，在计算天王星的位置时，一定还有某种未知因素没有考虑进去。这个因素是什么呢？一种比较被人们容易接受的想法是：在土星的轨道外面找到了天王星，为什么不能设想在天王星轨道外面还存在着一颗尚未露面的大行星呢？也许正是它对天王星的吸引力在影响着天王星的运行呢。但这颗星是怎样的未知大行星呢？离天王星有多远，质量有多大，运行的轨道又如何？答案可以有无数个。问题难就难在一时无法在广阔宇宙中寻找，只有通过古怪的天王星的运动来推测这颗未知行星的运行轨道。

躺着运转的天王星

　　天王星是一颗远日行星，按照距离太阳由近及远的次序是第 7 颗。在西方，天王星被称为"乌剌诺斯"，他是第一位统治整个宇宙的天神。他与地母该亚结合，生下了后来的天神，是他费尽心机将混沌的宇宙规划得和谐有序。在中文中，人们就将这个星名译做"天王星"。

　　天王星是一个蓝绿色的圆球，它的表面具有发白的蓝绿色光和与赤道不平行的条纹，这大概是由于自转速度很快而导致的大气流动。天王星的赤道半径约为 25 900 千米，体积是地球的 65 倍。质量约为地球的 14.63 倍。天王星的密度较小，平均密度每立方厘米 1.24 克。天王星大气的主要成分是氢、氦和甲烷。

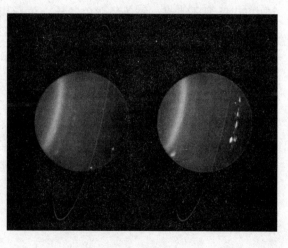

　　天王星的公转轨道是一个椭圆，轨道半径长为 29 亿千米，它以平均每秒 6.81 千米的速度绕太阳公转，公转一周要 84 年，自转周期则短得多，仅为 15.5 小时。在太阳系中，所有的行星基本上都遵循自转轴与公转轨道面接近垂直的运动，只有天王星例外，它的自转轴几乎与公转轨道面平行，赤道面与公转轨道面的交角达 97°55′，也就是说它差不多是"躺"着绕太阳运动的。于是有些人把天王星称作"一个颠倒的行星世界"。

　　天王星上的昼夜交替和四季变化也十分奇特和复杂，太阳轮流照射着北极、

143

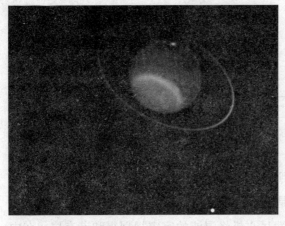

赤道、南极、赤道。因此，天王星上大部分地区的每一昼和每一夜，都要持续 42 年才能变换一次。太阳照到哪一极，哪一极就是夏季，太阳总不下落，没有黑夜；而背对着太阳的那一极，正处在漫长黑夜所笼罩的寒冷冬季之中。只有在天王星赤道附近的南北纬 8°之间，才有因为自转周期而引起的昼夜变化。

天王星和土星一样，也有美丽的光环，而且也是一个复杂的环系。它的光环由 20 条细环组成，每条环颜色各异，色彩斑斓，美丽异常。20 世纪 70 年代的这一发现，打破了土星是太阳系唯一具有光环的行星这一传统认识。天王星有 15 颗卫星，几乎都在接近天王星的赤道面上，绕天王星转动。

天王星内部探索之谜

　　天王星是太阳向外的第 7 颗行星，天王星是由威廉·赫歇耳通过望远镜系统地搜寻，在 1781 年发现。它是现代发现的第一颗行星。在太空里，天王星呈现蓝色，这是因为外层大气层中的甲烷吸收了红光的结果。

　　和其他的气态行星一样，天王星周围也有云带围绕自己快速飘动。只是这些云带太弱了，只有通过探测卫星加工的图片才可看到。

　　天王星也有光环，这些光环是由直径达 10 米的粒子和细小的尘土组成的。目前已知天王星光环有 11 层，但都不明亮。

　　天王星的磁场十分奇特，它并不在行星的中心，而是倾斜了近 60°。这可能是由于天王星内部较深处的运动造成的。

天王星的卫星

1986 年 "旅行者 2 号" 探测器造访了天王星，发现了 10 颗新卫星，它的卫星数目增加到了 15 颗。新发现的卫星都很靠近天王星，但都比较小，直径多为 20 千米 ~ 1000 千米。最大的一颗直径为 160 千米。

天王星的卫星和太阳系中的其他天体命名不同，并不是以古代神话中的人物命名的，而是用莎士比亚和蒲伯的作品中人物的名字来命名的。人们将这些卫星分成两组：第一组是由 "旅行者 2 号" 发现的靠近天王星的很暗的 10 颗小卫星，第二组是 5 颗在外层的大卫星。它们都在近圆形的轨道上围绕着天王星。

天王星基本上是由岩石和各种各样的冰组成的，仅含有少量的氢和氦，而其大气层则含有大约 83% 的氢、15% 的氦和 2% 的甲烷。

天王星和土星一样，也有美丽的光环，每条光环颜色各异、色彩斑斓。

海王星在直径上小于天王星，但质量比它大。海王星的质量大约是地球的 17 倍，在天王星被发现后，人们注意到它的轨道与根据牛顿理论所推知的并不一致。因此科学家们预测存在着另一颗遥远的行星从而影响了天王星的轨道。这一预言引起了天文学家的极大兴趣。

海王星以罗马神话中的尼普顿（Neptunus），因为尼普顿是海神，所以中文译为海王星。天文学的符号，是希腊神话的海神波塞冬使用的三叉戟。

　　亚当斯和勒威耶分别根据所观察到的木星、土星和天王星的位置，经过计算又分别预测出另一颗遥远行星的存在地点，因此，海王星也是唯一利用数学预测而非有计划的观测发现的行星。1846 年 8 月底，勒威耶将结果送到天文台，并立即通知德国柏林天文台进行寻找。1846 年 9 月 23 日，德国柏林天文台的伽勒根据勒威耶提供的海王星围绕太阳运动的轨道数据，用望远镜观察到海王星，找到了海王星的位置，从而确认了这颗太阳系的第八颗行星的存在，海王星的发现，解答了天王星为什么"出轨"的问题，这一发现不仅证明了哥白尼太阳系学说的正确性，同时也证明了唯物主义认识论是正确的。

淡蓝色的海王星

海王星是八大行星中距离太阳最远的，体积是太阳系第四大，但质量排名是第三，按照同太阳的平均距离由近及远排列，为第八颗行星，人的肉眼无法看到。每当遇上观测海王星的良好时机，例如海王星运行到距离地球最近的轨道上时，人们利用望远镜，对照着星图去寻找，就可以找到这颗淡蓝色的行星。海王星的大气层以氢和氦为主，还有微量的甲烷。在大气层中的甲烷，只是使行星呈现蓝色的一部分原因。因为海王星的蓝色比有同样分量的天王星更为鲜艳，因此应该还有其他的成分对海王星明显的颜色有所贡献。

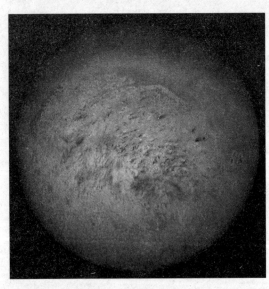

海王星的赤道半径为247 66千米，是地球赤道半径的 3.88 倍。海王星呈扁球形，它的体积是地球体积的 57 倍，质量是地球质量的17.22 倍，平均密度为每立方厘米1.66 克。

海王星在太阳系中，仅比木星和土星小。自转周期为22 小时左右，赤道面与轨道面的交角是28°48′，海王星绕太阳公转的轨道很接近正圆形，轨道面和黄道面的夹角很小，只有1.769°。它以平均每秒5.43 千米的速度公转，大约要1648 年才能绕太阳一周，从1846 年发现到现在，它还没走完一个全程。

目前，仅有一艘宇宙飞船"旅行者2号"于1989年8月25日造访过海王星。它从海王星上空拍摄了很多珍贵的照片，我们所知的全部关于海王星的信息全部来自这次短暂的会面。海王星也有光环，并已知有 9 颗卫星。

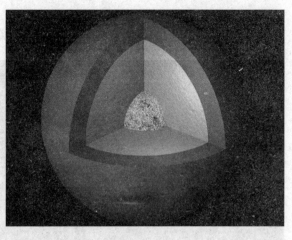

现在认为，海王星内部有一个质量和地球差不多的核。核是由岩石构成的，温度为 2000℃ ~ 3000℃，核外面是质量较大的冰层，再外面是浓密的大气层，大气中主要含有氢，还有甲烷和氨等气体。海王星是一个狂风呼啸、乱云飞渡的世界，在大气中有许多湍急紊乱的气旋在翻滚。

在海王星的四季中，冬季、夏季温差很小，不像地球这么显著。由于海王星离太阳太远（约为 4.5 亿千米，是地球与太阳距离的 30 倍），在它表面每单位面积受到的日光辐射只有地球上的 1/900，日光强度仅仅相当于一个不到一米远的百瓦灯泡所发光线的强度，因此它表面温度很低，通常在 -200℃ 以下。

到目前为止，海王星至少有 9 颗已知卫星：8 颗小卫星和海卫一。其中海卫一是太阳系质量最大的卫星。

卫 星	距离（千米）	半径（千米）	发现日期
海卫三	48 000	29	旅行者 2 号 1989
海卫四	50 000	40	旅行者 2 号 1989
海卫五	53 000	74	旅行者 2 号 1989
海卫六	62 000	79	旅行者 2 号 1989
海卫七	74 000	96	旅行者 2 号 1989
海卫八	118 000	209	旅行者 2 号 1989
海卫一	355 000	1350	2.14e22 Lassell 1846
海卫二	5 509 000	170	Kuiper 1949
海卫九	48 000 000	24	2003

海卫一

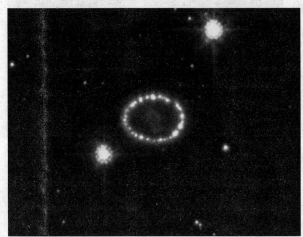

"旅行者"2号在1989年8月24日摄于距离海卫53万千米处。海卫一是环绕海王星运行的一颗卫星。它是海王星的卫星中最大的一颗。它是太阳系中最冷的天体之一，具有复杂的地质历史和一个相对来说比较年轻的表面。1846年10月10日威廉·拉塞尔发现了海卫一（这是海王星被发现后第17天）。拉塞尔以为他还发现了海王星的一个环。虽然后来发现海王星的确有一个环，但是拉塞尔的发现还是值得怀疑，实际上海王星的环太暗了，不可能被拉塞尔的仪器发现。

海卫二

海卫二是海王星第三大卫星，它的离心率是目前已发现卫星中是最大的，达0.7512。海卫二最接近海王星的距离是1 300 000千米，最远则是9 700 000千米，因此相信它是被海王星引力吸引的库伯带天体。

探索海王星之谜

自从波兰天文学家哥白尼提出了日心学说后，自然科学从神学的束缚中解放出来。到 17 世纪初德国天文学家开普勒总结出行星运动定律，1687 年牛顿的万有引力发现，在天文学科中诞生了一个崭新的天文学分支——天体力学。到了 19 世纪初天文学家已经能够准确地预报行星在任何时刻的位置。但许多天文学家都不敢来寻找天王星外行星这个"螃蟹"。然而，时代提出的迫切问题是不会无人问津的，两位年轻人不约而同奋起应战了，他们勇于探索的精神和高超的科学知识，依据天文观测资料来寻求天王星在运动上造成"偏差"的一颗行星。

在 1841 年 7 月，英国剑桥大学的一位 22 岁的大学生亚当斯（1819～1892年），在阅读格林尼治天文台台长艾里的报告后，他勇敢地承担起这项艰巨的任务，对这颗"天"外行星轨道和距离进行反复思考和计算。在 1843 年末，才24 岁的他就计算出这个未知大行星的初步结果。到 1845 年，26 岁的亚当斯就研究推算出该假设行星的轨道，质量和当时的位置。10 月 21 日亚当斯把计算的结果寄给了英国格林尼治天文台台长艾里，请求艾里用天文台的大型望远镜来观测这颗行星。不料，这位台长没有认真地对待青年天文学家的计算结果，不假思索地把亚当斯的计算结果束之高阁。到了 1846 年 6 月艾里收到了勒威耶发表的论文副本时，他才发现勒威耶的结果几乎与亚当斯的结果完全一致，他立即请剑桥天文台天文学家查理用望远镜搜索这颗行星，偏偏这位天文学家还对亚当斯的计算结果将信将疑，使亚当斯与他奋斗多年的成果擦身而过。

法国天文学家勒威耶（1811～1877 年）比亚当斯年长 8 岁，于 1846 年 8 月 31 日写出了一份标题是"论使天王星运行失常的那颗行星，它的质量，轨道和现在所处的位置结论性意见"。柏林天文台年轻的天文学家伽勒和他的助手根

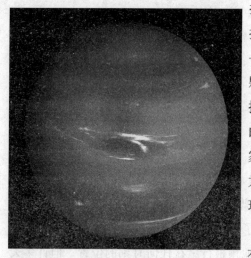

据勒威耶计算出来的新行星的位置，把望远镜指向了黄经326°宝瓶星座的一个天区，只用了30分钟就发现了一颗在星图上没有标出的8等星，为人类探索"天"外行星中找到了第八颗新的行星——海王星。后来通过天文学家们观测都证实了这颗行星的存在。太阳系第八颗大行星——海王星的发现是天文史上杰出事件。

人类在探索宇宙中，有的成功，有的失去了机遇。而当时，英、法两国为海王星发现的荣誉归属问题展开了争论，但亚当斯和勒威耶两人则处之泰然，该荣誉应当由亚当斯和勒威耶两人共享。而当时，柏林天文台台长恩克在收到勒威耶的报告时，正好是他的55周岁生日，在家中与家人一起度过了幸福和温馨的生日之夜，但他失去成为看到海王星的第一位天文学家的唯一机遇，有点遗憾，他还是公正地把海王星的发现称之为"各次行星的发现中最为辉煌的一次"。

卫星篇

月球探索之谜

月球，俗称月亮，古称太阴，是环绕地球运行的一颗卫星。它是地球唯一的天然卫星，与地球的平均距离为 38.44 万千米，是离地球最近的自然天体。月球也是被人们研究得最彻底的天体。人类至今第二个亲身到过的天体就是月球。

月球本身不会发光，我们看见的月光是它所反射的太阳光。月球的体积只有地球的 1/48，面积与亚洲面积差不多，质量约为地球的 1.81，密度为地球的 3/5。因此，月球远不如地球结实。

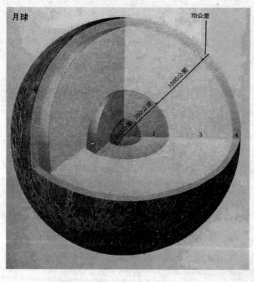

月球上的重力比地球上的重力小得多。宇航员从地球飞到月球上，第一个感觉就是身轻如燕，健步如飞。在地球上 100 千克的物体，到了月球上还不到 17 千克，人们可以不费劲地把它举起来。

关于月球，有很多美丽动人的传说，诸如嫦娥奔月、玉兔捣药、吴刚伐桂等。事实上，月球是一个寂静的、毫无生机的星球，上面没有空气，也没有淡水，更没有大气的保暖和海洋对温度的调节，再加上月面物质的热容量和导热率又很低，因而月球表面昼夜的温差很大。根据测定，在太阳光照射的月面上，温度最高可达 123℃，而黑夜又可降至−233℃，如此大的温差，很难会有生命存在。月球上的磁场很弱，因此对生命有伤害的紫外辐射和高速带电粒子可以直奔月面。

月球上层峦叠嶂，山脉纵横，到处都是星罗棋布的环形山，是月面的显著特征，几乎布满了整个月面。样子有些像地球上的火山口。环形山有高有低，大小不一，小的环形山甚至可能是一个几十厘米的坑洞。直径不小于1000米的大约有33 000个。占月面表面积的7%～10%。最大的环形山是南极附近的贝利环形山，直径295千米，比海南岛还大一点。最深的山是牛顿环形山，深达8788米。月球上还有十几条连绵不断的山脉，最长的有6400多千米，最高的山峰高达9000米。我们从地球上用肉眼能看到的月面上的暗斑称为"月海"，它是月球上的平原或盆地。

月球的自转周期与它绕地球公转的周期相等，都是27.3天，而且转动方向相同。因此，月球上的白天和黑夜都有半个月左右。最有趣的是，月球永远以正面对着地球。

关于月球起源的假说

　　1974 年以前，对月球的起源存在下面三种假说：一种认为月球是地球的"夫人"，即俘获假说，认为月球原先是太阳系里的一颗普通的小行星，在一次偶然的机会中它行近地球时被俘获，而成为地球的卫星。

　　第二种认为月球是地球的"女儿"，即分裂说，认为最初月球只是地球赤道的隆起部分，在太阳的引力和地球的快速自转作用下，月球"飞"了出去，分裂为卫星。

　　第三种认为月球是地球的"姐妹"，即共生说，认为月球与地球是从同一片原始星云中凝聚生成的。

　　"俘获说"虽然能解释月球和地球在成分上的明显差异，但使用电子计算机的模拟表明，由于月球与地球质量相比达到 1/81，远远超过太阳系中其他卫星与所绕转的行星的质量比，地球要俘获这样大的一颗星做卫星几乎是不可能的；况且月球又在近圆的轨道上绕地球转动，质量相对巨大的月球被地球俘获后又要出现这样的一种运行状态，这种可能性几乎等于零。

　　"分裂说"存在着动力学上的致命弱点。假如月球真像这一学说提出的那样，它是由于地球的高速自转，从地球中分离出去的。按照角动量守恒的原理，目前的地月系统应该保留当时地球的巨大角动量，这就像快速自转的冰上芭蕾舞演员不论他两手伸开、转速较慢，还是两手收拢、转速加快，他的角动量应该守恒一样。但计算表明，目前地月系统的角动量已经远较能分裂出月球时的地球小得多。那么巨大的角动量又损失到哪里去了，分裂说无法作出合理的解释。

"共生说"则无法解释为何月球目前的成分与地球有如此大的差异？例如它难以说明：地球是铁多硅少，月球是铁少硅多；地球钛矿很少，月球却很多；月球密度比地球也低得多。

这样看来，月球很可能既不是地球的"夫人"，也不是地球的"女儿"，更不是地球的"姐妹"。1974 年，美国天文学家哈特曼（W. Hartmann）和戴维斯（D. R. Davis）提出了一个碰撞分裂假说，认为在 45 亿年前，地球受到一个质量与现在火星相当的天体的深度掠碰，于是地壳和地幔的一部分被抛掷出去，撞出的一部分残屑慢慢降回到地球上，另一部分则凝缩成绕地球转动的月球。由于月球是由地球中低密度的地壳和地幔组成的，因此所形成的月球密度必然比地球小得多。

从这以后，一些科学家对这一假说进行了改进和完善，从而越来越多地解释了当今月球的特点。于是它成了当今很多人赞同的学说。如果硬要把月球的起源归入到地球的"夫人""女儿"和"姐妹"三种模式中的一种的话，那么它只能归入地球的"女儿"这一类中，或者说它是其他天体与地球掠碰所生的"女儿"。

月球的起源问题研究的是 40 多亿年前月球怎样诞生，无疑它是一个十分困难的问题，目前还无法彻底解决。但是，随着世界各国科学家的不断探索，这个难解之谜最终一定能被揭开。

月球的年龄有多大

自 1969 年 "阿波罗 11 号" 宇宙飞船首次在月球上着陆以来，宇航员已先后带回了 800 余磅岩石泥土之类的月球物质，给科学家研究月球提供了珍贵的第一手材料。

令科学家惊讶的是，从月球带回的岩石中大多比地球上的岩石要古老。宇航员在月球表面采到的第一块岩石，至少有 36 亿年历史，而其他宇航员带回的月球岩石，已被测定有 43 亿甚至 46 亿年历史，这已相当于太阳系的历史了。而地球上发现的最古老的岩石其形成时间顶多不过 39 亿年历史。看来，在形成年代上，月球略早于地球，这是无可争议的了。可见，这又否定了上述月球是地球的女儿之说。

20 世纪 70 年代召开的一次月球研讨会上，有一块月球岩石竟被宣称有 53 亿年的历史，最令人困惑的是，这些竟然被科学家认为是来自月球上的 "最年轻" 的部分。因此，一些月球研究专家认为，月球是远在太阳系形成之前就已存在了。

那么，月球的年龄究竟有多大呢？看来目前是谁也说不准。

为什么月亮上会有废墟

外星球上到底有没有生命存在？如果我们得知一个外星文明此刻正悄然在我们的眼皮底下——譬如月球上默默发展和繁衍，我们是否会感到十分震惊？2004 年 7 月，据俄罗斯《真理报》披露，美国官方无意间公布的新闻简报和无数卫星照片都显示，月球上的确存在着一个不明的外星文明，只不过因为不清楚这个惊人发现会对人类现存的社会法则造成怎样的冲击和影响，该惊人消息还没来得及向公众宣布，便立刻被美国国家航空和宇宙航行局（NASA）当做绝对机密封存。

俄媒体透露，早在 1996 年 3 月 21 日，美国华盛顿国家新闻署就发表过一份含糊其辞、欲说还休的简报。该简报中，参与探测火星和月球的美国宇航局的科学家和工程师们汇报了他们的一些研究结果。科学家们称，他们在月球上发现了一些不明的物体——谈到这些不明物体时，科学家的用词字斟句酌、非常谨慎，尽量避免谈到 UFO、外星人等。尽管他们也提到月球上的这些不明物体可能是外星人造的，但是又声称不敢确定，他们目前仍在对该现象进行深入研究，最终研究结果将于不久后公布。然而随着时间的流逝，这"不久后公布"却一下子成了"永远不公布"，关于月球上不明物体的研究再无下文。然而，从这份措辞谨慎的简报里仍不难看出——这是科学家第一次正式宣称他们在月球上发现了一些不明的（外星人造的）建筑或物体。

同时，此前由阿波罗号和美苏太空站传回来的上千幅月球照片和视频资料，也向科学家们揭示月球上的确有某种不明文明活动的痕迹。在美国华盛顿国家新闻署 1996 年的简报里，科学家们就提到了不少作为证据的月球照片和视频资料的名称、代号。然而，这些上面有着不明人造建筑和物体的月球照片，美国宇航局却从来没有向公众展示过，甚至人们从来就没有听说过有这些照片。

照片上，月球表面的城市废墟绵延长几千米。大面积地基上的巨大圆穹形建筑遗迹、数不清的地穴遗迹以及其他一些不明建筑使得科学家们不得不重新考虑此前他们对月球的认识。由于月球表面上一些像是废墟的物体或互相联合在一起，或呈现几何形构造，科学家们认为它们不可能是自然的地质现象。在哈德利大裂缝的上部，距"阿波罗15 号"降落地点不远，科学家们就发现了一座像是被 D 形墙壁包围的建筑。到现在，不同的人造物体在月球上44 个区域被发现，美国宇航局戈达德太空飞行中心和休斯敦行星协会的专家们目前正在研究这些地区。

研究者们尤其对那些像是城市废墟的建筑遗迹感兴趣。宇航员们拍摄的照片上显示了一些非常正规的正方形或矩形建筑，宇航员们从月球上空5～8 千米的高处看下去，它们像极了地球上的城市。

一位美国科学家评论这些照片道："我们的宇航员们拍摄到了月球上这些罕见的城市遗迹、透明的金字塔、圆穹形建筑以及一些只有上帝才知道是什么的玩意，然而所有这些照片都被美国宇航局深锁进了保险柜里。科学家和地质学家们怎么来看照片上的这些不明物体？据我所知，他们称那些东西绝非自然形成的，而是外星人造的，尤其是金字塔形建筑和圆穹形建筑。

"人们常常谈论外星人，事实上一个外星文明正不可想象地距我们如此之近！只是我们从心理上根本没准备好接受这个爆炸性的信息，即使到现在，也有些人根本不相信这是真的。"

揭秘月球人

茫茫宇宙中，月亮这颗美丽的星球作为我们地球唯一的伴侣，几十亿年来，一直形影不离地伴着地球在转动。它那明媚皎洁的光辉，为人类驱除了长夜幽暗，给人们带来了无穷的遐思。

月亮离地球38万多千米。千百年来，它始终是人们神往的一个极乐世界。飞到月亮上去，这不仅是嫦娥追求的归宿，更是人们美好的祈求。月亮是美丽的，却又是人们猜不透的一个诱人的谜。直到人类迎来了星际航行的时代，人类才逐渐揭开了月亮女神迷人的面纱。

1959年10月7日，苏联第三个宇宙火箭装载的自动行星际站从月球背面拍摄了大量的照片，月球背面的奥秘初步揭开了。1969年7月16日，美国成功地发射了"阿波罗11号"宇宙飞船，宇航员阿姆斯特朗和奥尔德林，代表全人类，第一次登上了月球。随后3年中，人们又先后5次登上月球，并在月亮表面设置了一系列科学考察的仪器，月亮表面情况也已一目了然。月亮上没有大气，也没有水，那里是千古不毛之地，死气沉沉的表面没有任何生命，这早已成了人们的常识。

但是，关于月亮的奥秘，它永远不会像一杯开水那么清澄见底。就说神秘的月球人吧，还不时地在人们的脑海里惊起微波细澜……

人们常说耳听为虚，眼见为实。"阿波罗11号"宇航员阿姆斯特朗在登上月球时，见到的情景是惊人的。他当时在给休斯敦地面指挥中心的报告中说："这些东西大得惊人。天哪，简直难以置信！我要告诉你们，那里有其他宇宙飞船，它们排列在火山口的另一侧，它们在月球上，它们在注视着我们……"

显然，阿姆斯特朗是不会向地面指挥中心谎报军情的。那么，他所见到的"难以置信"又大得惊人的宇宙飞船，从何而来呢？是外星人早就抢在地球人

前面，捷足先登，率先登上了月球的吗？前苏联有一位天文学家就曾经在《共青团真理报》上发表文章，认为"月亮可能是外星人的产物，它一直是它们的宇航站。月亮是空心的，在它荒漠的表面下存在着一个极为先进的文明。"

如果前苏联这位天文学家的见解能够确认的话，那么外星人是从什么遥远的星球上飞到月球上去的呢？它们飞到月球这个"宇航站"以后，又飞到哪里去了呢？是到月球表层下面去了呢，还是在月球上中转了一下，又飞到别的星球上了呢？

又假如，阿姆斯特朗见到这些宇宙飞船不是外星人的产物，那就只能是月球人的飞行器了。那么拥有这些大得惊人的宇宙飞船的月球人，又生活在何处？难道在月球表层的下面真的如前苏联那位天文学家所说，有一个极为先进的月球人的文明世界吗？

根据科学家测算，81 个月亮加起来，才有地球那么重。这样，可推算出月球的密度只是水的 3.34 倍，只有地球密度的 3/5。可见月球内部未必确如前苏联那位天文学家所说，是空心，但也确实表明月球内部不像地球内部有一个很紧密的地核。如此说来，月球层下面真的有可能居住着月球人吗？月球人乘着它们那排列在火山口的宇宙飞船，又飞到哪些星体上去了呢？

就在阿姆斯特朗的惊人发现还是一个不解之谜之际，1976 年美国乌姆兰德兄弟出版了一本关于玛雅文化的书。在这本书中，专门谈到了玛雅人与月球的关系。书中根据飞碟权威人士特伦奇的资料，煞有介事地说：大约在 40 年前，天文学家们发现，在月球表面上有一些无法解释的"圆顶物"。到 1960 年时，已经记录下来的就有 200 多个。更奇怪的是，人们发现它们还在移动，从月球的一个部位移动向另一个部位。假如说，特伦奇的这些资料来源可信的话，这些无法解释的圆顶物就又是一个令人费解的谜。

现在，人们都一致承认，月面上经常会出现一些人们暂时还解释不了的现象，这些现象就叫做月面暂现现象。那么，这些圆顶物是不是月面暂现现象呢？这些暂现现象是自然现象呢？还是人为现象呢？如果是自然现象，它们为什么又会移动位置呢？如果是人为现象，这个人到底是外星人呢，还是月球人，或者就是乌姆兰德兄弟所说的玛雅人？

与圆顶物异曲同工的是，据说在月面上，还在大范围内存在着一些令人惊讶的尖顶物。这些尖顶物直径约为 15 米，高从 13 米到 23 米不等，这俨然是像几层楼房那么高大的建筑物了。这些高大的尖顶物也不是乌姆兰德胡编乱造的东西，据他们说，这是前苏联"月球 9 号"和美国"宇航 2 号"两个卫星在不同时间不同地点拍摄到的月球表面照片上显示出来的。于是，飞碟权威特伦奇又推测它们像是智慧生命放置在那里的。这个智慧生命又是谁呢？是外星人呢，还是月球人？照乌姆兰特兄弟看来，这个智慧生命有可能就是玛雅人，他们就居住在月球表面的下面。

我们知道，月球上没有空气和水，这就使得它的温差变化极大，白天阳光照射，表面温度比沸水还要烫人，高达 127℃，夜间照不到阳光，气温骤然降到了−183℃。昼夜反差高达 310℃，这是任何人都难以承受的。

在月球表面的下面，就又是另一番世界了。在那里，不必担心温差的巨大变化，也不必担心多如牛毛的小陨星鲁莽地撞击，甚至还有可能寻找到生命赖以生存的氧气和水蒸气。乌姆兰德兄弟认为，在这样的生存环境中，玛雅人凭借他们高度发达的智慧，建立自己高度文明的社会，也不是不可能的。

玛雅人，早在 13 世纪以前曾经在地球上的南美地区建立了自己高度发达的玛雅文化，创建了一个拥有 600 万人口的十分显赫的印加帝国。后来，他们竟然又莫名其妙地突然从地球上消失。这在人类学上至今还是一个令人百思不得其解的谜团。联系到人们一度流传的一种发现，玛雅人在他们建立的一座庙宇的圆形拱门上，勾画了一幅月球背面图。由此看来，人们又不能不产生某种联想：难道地球上的玛雅人，同乌姆兰德兄弟所说的月球上的玛雅人，有什么剪不断，理还乱的渊源和血缘关系？

月球人的谜团还远不止这些。同圆顶物和尖顶物可以媲美的还有方尖石。

乌姆兰德兄弟说，美国"月球轨道环行器2号"探测器曾经在月球静海的49千米的上空，拍摄到了这些方尖石的尊容。有个叫阿勃拉莫夫的博士对这些方尖石的角度及分布状况作了精心测算，认为它们简直可以说是位于埃及首都开罗附近的吉萨金字塔的翻版。至于这些方尖石上还有许多极其规则的正方形图案，又是自然侵蚀所难以圆满解释的现象。再浮想联翩，上天入地——上天：追溯到5000多万千米以外遥远的火星上，人们已发现有金字塔的蛛丝马迹，美国"海盗1号"火星探测器在火星北半球拍摄到了金字塔城，它们的构图造型与埃及开罗附近大金字塔、巴西原始森林中高达250米的金字塔极其相似。入地：人们在地球上的魔鬼三角区——百慕大惊涛翻滚的大洋底下，也发现了金字塔，而且同火星上的金字塔非常相像。难道月球和火星上这些金字塔同玛雅人，以及那些排列在月球表面火山口的宇宙飞船之间，有什么神秘莫测的瓜葛？

关于月球人的谜团，更耸人听闻的还是在1986年，有消息说，在月球背面，发现了一座城市，这座城市不仅像地球上的文明古城一样，有高大坚固的城墙，城墙内有清晰可见的巨大建筑物，甚至还有规模恢弘的飞碟基地。报道这消息的是美国的一家叫《太阳报》的报社，发现这城市的是前苏联空间探测器。这消息可靠吗？这发现确凿吗？倘若真的可信，那么，月球上有月球人，似乎已成了无可争议的事实。但是，建立了这样发达文明的月球人，它们如今又在哪里？还生活在那座城市里吗？这难道有可能吗？没有空气，没有水分，它们又何以能够生生不息，繁衍不绝？

让人说不清的还有月球表面那时隐时现，忽明忽暗的神秘的辉光。800多年前，英国有5个人从不同地方同时看到了月亮上的一种闪光；200多年前的1783年和1787年，发现天王星的威廉·赫歇尔不但先后2次看到了月亮上的闪光，甚至还从望远镜中看到这种闪光好像是燃烧着的木炭，还薄薄地蒙上了一层热灰，就差没有看到月球人在煽风点火了。到20世纪，关于月球神秘辉光的观测报告有增无减。英国、前苏联和美国天文学家们都先后多次看到了月亮上的辉光，颜色或者粉红，或者大红，时间长短也不一致，其中前苏联天文学家观测到一次粉红色的光焰喷发达半小时之久，拍下的光谱照片历历在目。直到1969年7月20日，宇航员阿姆斯特朗在登上月球的前一天，也向地面指挥中心报告，他在俯视阿里斯塔克环形山时，发现那个地方显然比周围地区明亮得多，仿佛正在发出一种淡淡的荧光。更巧的是，与此同时，跟在太空登月的宇航员阿姆斯特朗遥相呼应，地球上的两名德国天文爱好者也不谋而合，向柏林天文台报告，他们见到了阿里斯塔克环形山那儿的神奇辉光。天上人间，交相辉映，可见报告者们看到的并非是虚幻的景象。

据不完全统计，至今为止，天文台收到这类并非是虚幻景象的观测报告已达 1400 起。它们大多集中在阿里斯塔克及阿尔芬斯两个环形山区域。这些辉光的光源究竟在哪里？是月亮上活火山喷发形成的吗？是太阳风与月球相互作用形成的荧光吗？是地球对月球的潮汐作用形成的吗？人们的设想可谓众说纷纭。但是谁也不能说自己的设想就符合这些神奇辉光的实际，更没有人能说清楚这些辉光为什么相对集中在阿里斯塔克和阿尔芬斯两个环形山区地带。于是，有人又难免把这些神奇的辉光推想成是月球人的杰作。

科学只相信事实，不相信传说。我们虽然没有充分证据对月球上的圆顶物、尖顶物、方尖石，乃至月球城市和美国轰炸机等奇迹加以否定，也没法对神奇的月球辉光作出合理的解释。

月球上的脚印从何而来

1969 年，美国"阿波罗 11 号"宇宙飞船成功地登上了月球。然而，当宇航员登上表面时，却惊奇地发现，月球上已有 62 个人类的脚印。他们用照相机将脚印拍摄了下来。

在过去的几十年中美国当局一直对此保密。直至在一批飞碟研究人员的要求下，美国前任总统克林顿才公开了这些档案。经过研究，美国天体物理学家康穆蓬对美国新闻媒体说："显然，在月球上发现人类的脚印是令人吃惊的。有人在美国之前已经登上了月球，而且不穿宇航服。"康穆蓬还说，据登上月球的宇航员称，这些脚印毋庸置疑是属于人类的，而且留下的时间还不久。

这些脚印是从何而来呢？无独有偶。不久前美国科学家在研究哈勃太空望远镜拍摄的月球表面照片时，竟惊奇地发现了一条巨蛇化石。进一步研究表明，这种巨蛇赖以生存的食物可能是一种长 15 米以上的超级啮齿动物，如蜥蜴、恐龙等。

结合对月球矿物质的分析，科学家们发现亿万年前，月球上的生存条件远比地球优越。当时月球上的含氧量很高，从而使月球上的动植物个体要比地球上的大数十倍乃至数百倍。分析还表明，对生物至关重要的元素，当时月球上的也比地球上多。

那么，月球上的脚印究竟是谁留下的呢？是曾在月球上生存过的月球人，还是茫茫宇宙中现在生存的外星人？一切还有待于科学家进一步研究与揭示。

月球真相之谜

月球，跟随地球不知多少年了。也许地球上还没有人类之前，它就在天天看着地球。以前，大家都说月里有一座广寒宫，住着一位古代美女嫦娥、一只白兔，还有一位天天在砍伐桂树的吴刚。

然而，1969年7月16日，美国"阿波罗11号"宇宙飞船登陆月球，没有看到广寒宫，也没有找到嫦娥和白兔，更没有桂树和吴刚，于是许多人的美丽幻想成为失望。

但是，时至今日，航天员登陆月球已有38年了，人类对月球的了解并没有增加，反而从航天员留在月球的仪器上，得到更多的不解资料，让科学家愈来愈迷惑。每当夜晚有人抬头望向月球之时，会产生既熟悉又陌生的复杂情绪，不禁要问：月亮呀！可不可以告诉我们，你的真相？

事实上，时至今日，"月球来自何处"这个问题，仍是天文学未定之论。也因此任何人都可以提出自己对月球起源的看法，不管多离奇，他人是不能用任何"小科学"的字眼来批评的。

现在举出一个大家都想不到的天文上的奇妙现象，请大家用心想一想。月球离地球的平均距离约为38万千米。太阳离地球的平均距离约为1.5亿千米。两两相除，我们得到太阳到地球的距离约为月球到地球的395倍远。

太阳直径约为139万千米，月球直径约为3400多千米，两两相除，太阳直径约为月球的395倍大。395倍，多么巧合的数字，它告诉我们什么信息？

大家想想看，太阳直径是月球的395倍大，但是太阳离地球是月球到地球距离的395倍远，那么，由于距离抵消了大小，日、月这两个天体在地球上空看起来，它们的圆面就变得一样大了！

这个现象是自然界产生的，或是人为的？宇宙中哪有如此巧合的天体？

167

从地面上看过去，两个约同样大的天体，一个管白天，一个管黑夜，太阳系中，还没有第二个同例。著名科学家艾西莫夫曾说过："从各种资料和法则来衡量，月球不应该出现在那里。"他又说，"月球正好大到能造成日食，小到仍能让人看到日冕，在天文学上找不出理由解释此种现象，这真是巧合中的巧合！"

难道只是巧合吗？有些科学家并不这么认为。科学家谢顿（WillianR. Shelton）在《赢得月亮》一书中说："要使宇宙飞船在轨道上运行，必须以超过 30 000 千米/小时的速度在 160 多千米的太空中飞行才可以达成平衡；同理，月球要留在现有轨道上，与地球引力取得平衡，也需有精确的速度、重量和高度才行。"

问题是：这样的条件不是自然天体做得到的，那么，为何如此？

太阳系的行星拥有卫星，这是自然现象，但是我们的地球却拥有一个大得有点"不自然"的卫星——月球，也就是说作为一个卫星，和其他行星的卫星相比实在是太大了。

我们来看看下列数据：地球直径 12 756 千米，卫星月球直径 3467 千米，是地球的 27%。火星直径 6787 千米，有两个卫星，大的直径有 23 千米，是火星的 0.34%。木星直径 142 800 千米，有 13 个卫星，最大的一个直径 5000 千米，是木星的 3.5%。土星直径 12 万千米，有 62 个卫星，最大的一个直径 4500 千米，是土星的 3.73%。

看一看，其他行星的卫星，直径都没有超过母星的 5%，但是月球却大到27%，这样比较之后，是不是发现月球实在大得不自然了。这个资料，又在告诉我们，月球的确不寻常。

科学家告诉我们，月球表面的坑洞是陨石和彗星撞击形成的。地球上也有些陨石坑，科学家计算出来，若是一颗直径约 16 千米的陨石，以每秒约 4.8 万千米的速度（等于 100 万吨黄色炸药的威力）撞到地球或月球，它所穿透的深度应该是陨石直径的 4～5 倍。

地球上的陨石坑就是如此，但是月球上的就奇怪了，所有的陨石坑竟然都很浅，月球表面最深的加格林坑只有约 6.4 千米，但它的直径有约 297 千米宽！直径约 297 千米，深度最少应该有 1120 千米，但是事实上加格林坑的深度只是直径的 2% 而已，这是当今科学上的不可能。为什么如此？天文学家无法圆满解释，也不去解释，因为他们心里清楚，一解释就会推翻所有已知的月球知识。

因此，只能认为月球表面约 6.4 千米深处下有一层很坚硬的物质结构，无法让陨石穿透，所以，才使所有的陨石坑都很浅。那么，那一层很硬的物质结构是什么？

月球陨石坑有极多的熔岩，这不奇怪，奇怪的是这些熔岩含有大量的地球上极稀有的金属元素，如钛、铬、钇等，这些金属都很坚硬、耐高温、抗腐蚀。科学家估计，要熔化这些金属元素，至少得在二三千摄氏度以上的高温，可是月球是太空中一颗死寂的冷星球，起码 30 亿年以来就没有火山活动，因此月球上如何产生如此多需要高温的金属元素呢？

而且，科学家分析航天员带回来的 380 千克月球土壤样品后，发现竟含有纯铁和纯钛，这又是自然界的不可能，因为自然界不会有纯铁矿。

这些无法解释的事实表示了什么？表示这些金属不是自然形成的，而是人为提炼的。那么问题就来了，是谁在什么时候提炼这些金属的？

月球永远以同一面对着地球，它的背面直到宇宙飞船上去拍照后，人类才能窥视其容颜。以前天文学家认为月球背面应和正面差不多，也有很多陨石坑和熔岩海。但是，宇宙飞船照片却显示大为不同，月球背面竟然相当崎岖不平，绝大多数是小陨石坑和山脉，只有很少的熔岩海。此种差异性，科学家无法想出答案。照理论，月球是太空中自然星体，不管哪一面受到太空中陨石撞击的概率都应该相同，怎会有前后之分呢？

月球为何永远以同一面向着地球？科学家说法是它以每小时 16.56 千米的速度自转，另一方面也在绕着地球公转，它自转一周的时间正好和公转一周的时间相同，所以月球永远以一面向着地球。

太阳系其他行星的卫星都没有这种情形，为何月球正好如此，这又是一种巧合中的巧合吗？难道除了巧合之外，不能找一些其他的解释吗？

月球曾发生过不少无解的现象，数百年来的天文学家不知已看过多少次了。

1671 年，300 多年前的科学家卡西尼就曾发现月球上出现一片云。1786 年 4 月，现代天文学之父威廉·赫塞尔发现月球表面似乎有火山爆发，但是科学家认为月球在过去 30 亿年来已没有火山活动了，那么这些火山是什么？

1843 年，曾绘制数百张月球地图的德国天文学家约翰史谷脱发现原来约有 10 千米宽的利尼坑正在逐渐变小，如今，利尼坑只是一个小点，周围全是白色沉积物，科学家不知原因为何？

1882 年 4 月 24 日，科学家发现月球表面亚里士多德区出现不明移动物体。1945 年 10 月 19 日，月面达尔文墙出现 3 个明亮光点。1954 年 7 月 6 日晚上，美国明尼苏达州天文台台长和其助手，观察到皮克洛米尼坑里面，出现一道黑线，过不久就消失了。1955 年 9 月 8 日，泰洛斯坑边缘出现两次闪光。1956 年 9 月 29 日，日本明治大学的丰田博士观察到数个黑色物体，似乎排列成 DYAX 和 JWA 字形。

1966 年 2 月 4 日，苏联无人探测船"月神 9 号"登陆雨海后，拍到两排塔状结构物，距离相等，依凡桑德生博士说："它们能形成很强的日光反射，很像跑道旁的记号。"伊凡诺夫博士从其阴影长度估计，大约有 15 层楼高，他说："附近没有任何高地能使这些岩石滚落到现在的位置，并且成几何形式排列。"

另外，"月神 9 号"也在"风暴海"边缘拍到一个神秘洞穴，月球专家威金斯博士因为自己也曾在卡西尼 A 坑发现一个巨大洞穴，因此他相信这些圆洞是通往月球内部。

1966 年 11 月 20 日，美国"轨道 2 号"探测船在距"宁静海"46 千米的高空上，拍到数个金字塔形结构物，科学家估计高度在 15 ~ 25 米，也是以几何形式排列，而且颜色比周围岩石和土壤要淡，显然不是自然物。1967 年 9 月 11 日，天文学家组成的蒙特娄小组发现"宁静海"出现了"四周呈紫色的黑云"。

这些奇异现象，不是一般的外行人发现，全是天文学家和太空探测器的报告，意味着：月球上有人类未知的秘密！

1968 年 11 月 24 日，"阿波罗 8 号"宇宙飞船在调查将来的登陆地点时，遇到一个巨大——约 26 平方千米的大 UFO，但在绕行第二圈时，就没有再看到此物。它是什么？没人知晓。

"太阳神 10 号"宇宙飞船也在离月面上空 16 600 米的地方，突然有一个不明物体飞升，接近他们，这次遭遇拍下了纪录片。

1969 年 7 月 19 日,"阿波罗 11 号"宇宙飞船载着 3 位航天员奔向月球,他们将成为第一批踏上月球的地球人,但是在奔月途中,航天员看到前方有个不寻常物体,起初以为是"农神 4 号"火箭推进器,便呼叫太空中心确认一下,谁知太空中心告诉他们,"农神 4 号"推进器距他们大约有 9600 千米远。航天员用双筒望远镜看,那个物体呈 L 状,阿姆斯特朗说:"像个打开的手提箱。"再用六分仪去看,像个圆筒状。另一位航天员艾德林说:"我们也看到数个小物体掠过,当时有点震动,然后,又看到这较亮的物体掠过"。

7 月 21 日,当艾德林进入登月小艇做最后系统检查时,突然出现两个 UFO,其中一个较大且亮,速度极快,从前方平行飞过后就消失,数秒钟后又出现,此时两个物体中间射出光束互相连接,又突然分开,以极快速度上升消失。

在航天员要正式降落月球时,控制台呼叫:"那里是什么?任务控制台呼叫'阿波罗 11 号'。""阿波罗 11 号"竟如此回答:"这些宝贝好巨大,先生……很多……噢,天呀!你无法相信,我告诉你,那里有其他的宇宙飞船在那里……在远处的环形坑边缘,排列着,……它们在月球上注视着我们……"

苏俄科学家阿查查博士说:"根据我们截获的电讯显示,在宇宙飞船登陆时,与 UFO 接触之事马上被报告出来。"

1969 年 11 月 20 日,"阿波罗 12 号"航天员康拉德和比安登月球,发现 UFO。1971 年 8 月"阿波罗 15 号",1972 年 4 月"阿波罗 16 号",1972 年 12 月"阿波罗 17 号"等的航天员也都在登陆月球时见过 UFO。

科学家盖利曾说过:"几乎所有航天员都曾见过不明飞行物体。"第六位登月的航天员艾德华说:"现在只有一个问题,就是它们来自何处?"

第九位登月的航天员约翰·杨格说:"如果你不信,就好像不相信一件确定的事。"1979 年,美国太空总署前任通讯部主任莫里士·查特连表示"与 UFO 相遇"在总署里是一件平常事,并说:"所有宇宙飞船都曾在一定距离或极近距离内被 UFO 跟踪过,每当一发生,航天员便和任务中心通话。"

数年后,阿姆斯特朗透露一些内容:"它真是不可思议……,我们都被警示过,在月球上曾有城市或太空站,是不容置疑的……我只能说,它们的宇宙飞船比我们的还优异,它们真的很大……"

数以千计的月球神秘现象,如神秘闪光、白云、黑云、结构物、UFO 等,全都

是天文学家和科学家共睹的事实，这些现象一直未有合理解释，到底是什么呢？

1970 年，苏联科学家柴巴可夫（Alexander Scherbakov）和米凯威新（MihKai Vasin）提出一个令人震惊的"宇宙飞船月球"理论，来解释月球起源。他们认为月球事实上不是地球的自然卫星，而是一颗经过某种智慧生物改造的星体，挖掘后改造成宇宙飞船，内部载有许多该文明的资料，月球是被有意地置放在地球上空，因此所有的月球神秘发现，全是至今仍生活在月球内部的高等生物的杰作。

当然这个说法被科学界嗤之以鼻，因为科学界还没有找到高等智慧的外星人。但是，不容否认的确是有许多资料显示月球应该是"空心"的。

最令科学家不解的是，登月航天员放置在月球表面的不少仪器，其中有"月震仪"，专用来测量月球的地壳震动状况，结果，发现震波只是从震中央向月球表层四周扩散出去，而没有向月球内部扩散的波，这个事实显示月球内部是空心的，只有一层月壳而已！因为，若是实心的月球，震波也应该朝内部扩散才对，怎么只在月表扩散呢？

现在，我们可以来重新架构月球理论了：月球是空心的，月壳分为两层，外壳是岩石及矿物层，像是自然的星体，由于陨石撞击月球后，只能穿透这一层，已知陨石坑的深度都不深，最深只有 6.44 千米，所以此层厚度最多 8 千米。

月球内壳是坚硬的人造金属层，厚度不知道，也许只有 16 千米左右，成分含有铁、钛、铬等，能耐高温、高压、腐蚀，是一种地球人未知的合金。

因为航天员安装在月球表面的月震仪显示震波只在月表传递，而不深入内部，可见月球的确只有这层月壳。既然如此，月球就不是自然界的，它是人造的，造它的"人"经过精细计算，将月球从它们的星系迎到太阳系来，摆在现在的位置，使地面上的人能在夜间看到它，而且和太阳一样大。所以，月球起源的三种理论都不对。

"造月的人"让月球永远以一面向着地球，因为这一面有不少控制地球的设备。它们自己住在月球背面的内部，因为月球表面日夜温差太大，中午最热是 127℃，夜间最低是 -183℃，不适合居住，所以都住在内部。它们已发展出飞碟，经常飞出外面做些研究或修护仪器，并注意地球人的动静，有时被地球航天员看到，有时被地面上的望远镜观测到。"造月的人"是哪一种外星人？它们来此有多久了？我们目前都还不知道。也许不久，地球人就能知道月球的真相了。

日食之谜

　　太阳高悬，光芒四射。忽然太阳变成了月牙形，甚至完全不见了。于是，天地间出现了夜色，星星也在眨眼。过一会儿，太阳又慢慢地出现了，一切都恢复了常态，这就是发生了日食。

　　日食，又作日蚀，在月球运行至太阳与地球之间时发生。这时对地球上的部分地区来说，月球位于太阳前方，来自太阳的部分或全部光线被挡住，因此看起来好像是太阳的一部分或全部消失了。我们知道，月球本身不会发光，因此，在太阳的照射下，它的背面会有一条长长的影子。当月球绕地球公转转到太阳和地球的中间时，太阳、月球和地球处在一条直线上，月球挡住了原本该照射到地球上的太阳光，或者说，月球的影子投射到地面上，人们就会看到日全食或日偏食、日环食。

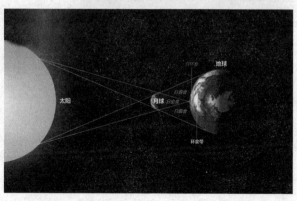

　　但并非每次当月亮运行到太阳和地球中间都会发生日食，发生日食需要满足两个条件：其一，日食通常都是发生在农历初一，也就是俗称的朔日，但也并非每个朔日都必定发生日

食，因为月球运行的轨道（白道）和太阳运行的轨道（黄道）并不在一个平面上。白道平面和黄道平面有5°9′的夹角。第二个条件是如果在朔日，当太阳和月球都正好移到白道和黄道的交点附近，太阳离交点处有一定的角度（日食限），就能发生日食。在一年里一般会发生两次日食，有时也会发生3次，最多会发生5次，不过这是针对全地球而言。

据《尚书·胤征》记载，我国夏朝仲康时代，当时掌管天文的羲和家族有个官员，因沉湎于饮酒，懈怠职守，没有预报即将发生的一次日食，而引起人们惊慌。国君仲康认为这是严重失职，便将羲和处死。科学家们推算，这是发生在公元前2137年10月21日的一次日全食，是世界上公认的最早的日全食文字记录。

月食之谜

　　月食是一种特殊的天文现象，指当月球运行至地球的阴影部分时，在月球和地球之间的地区会因为太阳光被地球所遮蔽，就看到月球缺了一块。此时的太阳、地球、月球恰好（或几乎）在同一条直线上，其实就是地球的影子掩蔽了月亮。

　　由于月亮和地球本身都不会发光，只能反射太阳光，因此当太阳照射到月亮和地球上，在它们背着太阳的一方就会拖着一条阴影。地球在背着太阳的方向会

出现一条阴影，称为地影。地影分为本影和半影两部分。本影是指没有受到太阳光直射的地方，而半影则只受到部分太阳直射的光线。在月亮绕地球公转的过程中有时会进入地影，就会产生月食现象。如果月亮走进地球的阴影，照不到太阳的光线就发生了月食。如果是整个月亮被地球的阴影遮住，就是"月全食"；如果月亮只有部分被地球的阴影遮住，就是"月偏食"。

　　月食的发生有一定的规律可循。它一般发生在"望"日，即农历的十五或十六。因为地球运行的轨道和月亮运行轨道不在一个平面上，因此几乎每个月的十五或十六不一定都会发生月食。大多数的"望"日，月亮都在地球运行轨道的上面或者下面溜过去。只有当月亮、太阳、地球都处在一条直线上的时候，月亮才进入地球的运行轨道。

行星的卫星之谜

　　水星、火星、金星、木星、土星等几个靠近太阳的行星，在远古时候就为人类熟知了。可是这些行星还有卫星存在的事实，是在17世纪初才发现的。

　　伽利略在1610年1月7日至8日的夜间用望远镜观察木星时，发现有3颗星位于木星附近，几乎跟它在一条直线上。第二天夜间他再次寻找这3颗星，发觉它们与木星的相对位置已经移动，而且移动的程度无法用木星本身的运动来解释。1月13日伽利略发现了第4颗在这样的小天体。不久他确信，所有这4颗星都围绕着木星旋转。德国天文学家马里乌斯也看到了这些星，而且比伽利略早10天，但是他没有懂得它们是木星的卫星。因此现在有充分根据把伽利略称为卫星科学之父，把他发现的这些卫星称为伽利略卫星；后来，马里乌斯在1614年又依照天体定名的惯例，根据希腊神话将它们分别定名为爱奥（木卫一）、欧罗巴（木卫二）、加尼米德（木卫三）和卡利斯多（木卫四），木星卫星的发现说明天体并非都围绕地球运动，因而这一发现就成为哥白尼日心说的重要确证之一。后来又发现水星和金星也有卫星。到17世纪共观察到10颗，18世纪继续发现4颗，19世纪又发现8颗，到20世纪……火星存在卫星，这是德国天文学家开普勒（1571～1630年）早已预言过的，但是直到1877年才被霍尔发现。他之所以能发现，不仅是由于他采用了直径66厘米的大型折射望远镜，也不仅是由于观察时间适逢火星的大冲年，而且还因为霍尔采用了新的探索方法，他是在距离行星圆面很小的角度，几乎在行星光晕的范围内进行观察的。这两颗卫星现在称为火卫一和火卫二。

　　火卫一围绕火星旋转的周期大于火星的自转周期，但火卫一围绕火星旋转的速度比火星自转的速度快得多。因此，火卫一在火星的天空中一昼夜西升和东降两次。研究发现，这两个小天体具有不规则的形状。平均密度接近2克/立方厘米（相当于小行星的密度），约为火星平均密度的1/2。而且其历史很可能已经很久了；表面上有许多被陨星撞击的明显痕迹。火卫一的表面满布着的沟痕可能是被相当大的天体碰撞而成的。现在天文界持有下述看法的人逐渐增多，就是说火星的卫星不是由火星周围的物质粒子积聚而成，而是火星所捕获的子行星。最初，它们围绕火星运行的轨道很长，后来在火星引潮力的作用下逐渐起变化，运动速度逐渐减缓。根据19世纪80年代的研究来看，估计再隔3000万年，火卫一将坠落到火星上去。火星的卫星是一般业余天文爱好者观察不到的，但木星的卫星则可用较好的双筒望远镜看到。聚精会神地跟踪探察，可以看到它逐渐藏到木星后面去的情况，也就是天文学家所说的掩星现象。观察一下卫星在木星圆面前的运行情况也是很有趣的。有时在木星圆面上可以看到卫星的阴影，或者卫星进入木星阴影的情况（类似月食的现象）。至于卫星上的细节，不用说业余天文爱好者的望远镜，即使用最大的天文望远镜也是分辨不清的。只有发射星际飞船，飞往它们的附近就近观测，才算揭开了这些卫星的神秘面纱。原来它们不但不像大行星，而且彼此之间也各不相像。用文学家的语言来描绘，木卫三像一颗布满白色纹理的玛瑙；木卫二是一个赭石色的裂痕累累的球，有点像火星；木卫四像一枚生锈的罗马古币；木卫一则橙黄色和奶油色相间，真像一只色彩鲜艳的气球。可是，对于文学家来说，最惊人的发现是在木卫一上发现了几座活动的火山。

这打破了以前只有在地球上才看得到火山爆发的看法。木卫一表面有6座活火山，正以每小时1600千米的速度向外喷射物质，形成400~500千米高的烟云，这些火山爆发的强度比地球上的大得多。这是在地球以外看到的星球上最壮观的景象。使人更加惊讶的是：木卫一中心的发热机制——放射性元素的裂变，对木卫一起不了作用（木卫一的质量是很小的）。使木卫一内部发热和支持火山活动的能是潮汐力的能量。木卫一和木卫二上都产生强大的波浪，那是由木星强大的引力场引起的。木卫一的潮汐能量比木卫二的潮汐能量大20倍，强烈的发热自然会造成木卫一物质的完全分解。铁和硫化铁的熔融体形成了半径为950千米的内核，外面围绕着一层硅酸膜，膜外是液态硫的海洋，而最外面是一层外壳。木卫一表面呈浅黄色，那是因为表面是一层硫和凝结的二氧化硫的沉积物。木卫一表面的历史不长，也可说还在青年时代，上面还没有

冲出火山口。木卫二的潮汐能要少得多,但是显然已足以使内核发热以至产生水汽,水汽在木卫二的表面结成了冰壳,厚度达 100 千米。

木卫二的冰壳上裂痕累累,交织成密集的网络。这些裂痕多半是由于外壳运动的结果。有一种大胆的假设,认为冰层下不排除有海水层的可能性,而这种海水的化学成分类似地球上的原始海洋。在木卫二的表面总共只显露出几个冲出口。木卫二表面层的历史显然还没有超过 1 亿年。木卫三和木卫四的体积很大。有人认为其内核可能是岩石,而外壳是冰和石块的混合物。它们的表面有许多陨星撞击的痕迹。这两颗卫星表面的历史很可能超过 30 亿年了。

最靠近木星的一颗卫星是在 1892 年发现的,称为阿玛列捷雅。它的形状不规则,呈深红色,表面多凹陷。木星还有不少卫星,距离较远而体积较小。1982 年举行了国际天文协会第 18 次大会,会上确定了木星 16 颗卫星的名称。在已发现的木星的卫星中,以木卫三体积最大,其半径为(2635±25)千米,而最小的也许是丽达,半径约 7 千米。到目前为止,以土星的卫星最多。大致可说已发现了 62 颗。土星的卫星多种多样。一般地说,它们内部是岩石而外面是冰块。土卫八好像有两副面孔:一面发亮,另一面却暗 10 倍。土卫七的形状古怪,很不规则。土卫三上发现了一个极大的火山口和绵延几百千米的大山谷。土卫二是太阳系各个行星的已知卫星中最亮的一个,它将投射上去的光几乎全部反射出来。土卫九距离土星最远,其运动方向与土星旋转方向相反,表面很暗,这点引起天文界的注意。

至于其他行星的卫星,知道的事情要少得多了,因为距离太远,现有的宇宙探测器对于任何一个都无法到达。然而据地面的天文观察,已经发现天王星有 5 颗卫星,海王星有 3 颗,冥王星有 1 颗。据最近消息,又发现了 1 颗天王星的卫星。

据目前估计,在海王星的卫星中,海卫一最大 [半径为(2200±400)千米]。

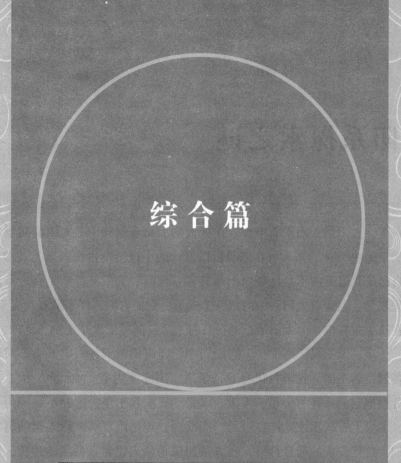

综合篇

水星　　金星　　地球

火星　　木星　　土星

天王星　　海王星

太阳系探索之谜

太阳系是由太阳、行星及其卫星、小行星、彗星、流星和星际物质构成的天体系统，太阳是太阳系的中心。在庞大的太阳系家族中，太阳的质量占太阳系总质量的99.8%，八大行星以及数以万计的小行星所占比例微忽其微。它们沿着自己的轨道万古不息地绕太阳运转着，同时，太阳又慷慨无私地奉献出自己的光和热，温暖着太阳系中的每一个成员，促使它们不停地发展和演变。

在这个家族中，离太阳最近的行星是水星，向外依次是金星、地球、火星、木星、土星、天王星、海王星。它们当中，肉眼能看到的只有五颗，对这五颗星，各国命名不同，我国古代有五行学说，因此便用金、木、水、火、土这五行来分别把它们命名为金星、木星、水星、火星和土星，这并不是因为水星上有水，木星上有树木才这样称呼的。而欧洲，则是用罗马神话人物的名字来称呼它们。近代发现的远日行星，西方按照以神话人物名字命名的传统，以天空之神、海洋之神的名称来称呼它们，在中文里便相应译为天王星、海王星。

八大行星与太阳按体积由大到小排序为太阳、木星、土星、天王星、海王星、地球、金星、火星、水星。它们按质量、大小、化学组成以及和太阳之间的距离等标准，大致可以分为三类：类地行星（水星、金星、地球、火星）；巨行星（木星、土星）；远日行星（天王星、海王星）。它们在公转时有共面性、同向性、近圆性的特征。在火星与木星之间存在着数十万颗大小不等，形状各异的小行星，天文学把这个区域称为小行星带。除此以外，太阳系还包括许许多多的彗星和无以计数的天外来客——流星。

流星是分布在星际空间的细小物体和尘粒，叫做流星体。它们飞入地球大气层，跟大气摩擦发生了光和热，最后被燃尽成为一束光，这种现象叫流星（如果没有燃尽就是陨星）。通常所说的流星指这种短时间发光的流星体。俗称贼星。大约92.8%的流星的主要成分是二氧化硅（也就是普通岩石），5.7%是铁和镍，其他的流星是这三种物质的混合物。

宇宙中那些千变万化的小石块其实是由彗星衍生出来的。当彗星接近太阳时，太阳辐射的热量和强大的引力会使彗星一点一点地瓦解，并在自己的轨道上留下许多气体和尘埃颗粒，这些被遗弃的物质就成了许多小碎块。如果彗星与地球轨道有交点，那么这些小碎块也会被遗留在地球轨道上，当地球运行到这个区域的时候，就会产生流星雨。

揭秘太阳身边的神秘天体

在茫茫宇宙中，飞行已久，一直在为人类辛勤工作的"先锋10号"宇宙探测器给人类带来了一个大惊喜：一个新的神秘天体正在绕日运行着。这是天文学界一个新突破。

观测者们虽然还没有见到这一天体，但他们坚信它的存在，因为"先锋10号"的轨道因它而发生了变化！

如果这一发现属实，那它将成为因重力这一唯一原因而被发现的太阳系中的第二颗行星。第一颗是1846年海王星的发现：科学家在1787年发现了天王星，后因发现天王星的轨道十分异常，从而发现了对其具有引力的海王星。

这颗神秘的新星是由英美天文学家组成的小组发现的，它极有可能就是所谓的"Kuiper带"天体。而"先锋10号"的轨道数据则来自于国家宇航局"深度空间"网络，一系列大型射电望远镜构成了这一网络，主要目的是为了观测太空深远处的情况。

早在1992年12月8日，"先锋10号"已飞离地球84亿千米，该天文小组就敏锐地发现探测器的飞行轨道出现偏差，他们一直积极的在研究这一现象，希望找出原因。直到最近，在经过多种方法分析研究"先锋10号"发回的数据后，他们才肯定了自己的推论：新成员加入了太阳系。

在近几个星期中，他们力图计算出此天体可能达到的最远距离以及具体位置。他们初步预计，此天体是在猛然撞上一大行星后而被抛到太阳系边际的。该天文小组的一位英国博士称："我们对这一发现欣喜若狂，它真是天文学上一个极好的标志性事件！"

据称，这一天体可能是在无穷无尽的宇宙中已知的数百个围绕太阳运行的天体中的一个，它们远在冥王星之外，并大都由冰及岩石构成。这些天体在行星大家族中辈分很小，直径仅有几百千米，但天文学家坚信，有几百万个这种小行星在围绕太阳运行，并形成一条庞大的"星带"。

1972年3月，"先锋10号"被成功地发射升空，它是第一个要穿过火星及木星间小行星带，飞向遥远太空的探测器。但对于它是否能安全闯过这一地段，科学家们便无从所知。

"先锋10号"也是第一个到达气体行星——木星的探测器。随后，它又成功飞离太阳的行星系统。虽然还未进入星际领域，但这已开了太空探测器的先河。

在"先锋10号"飞了25年后，虽然它仍在不断地发回信息，但在1997年美国宇航局还是暂停了对它的监控。

今年早些时候，科学家惊奇地发现，一股神秘的力量作用于这个"老太空旅客"，但一时又无法找到真正的原因，后来，这股力量竟将它向一个方向推移。

据天文学家预计，在200万年后，"先锋10号"将会到达金牛座星群，那时将会发生什么情况呢？让人类拭目以待！

是否真的有第九颗行星

太阳系有几颗大行星？我们现已知道太阳系里有八颗大行星。

对太阳系八大行星的认识，有悠久的历程。古时人们在天空中仅能看到水星、金星、火星、木星、土星这五颗行星。我国古代称金星为太白，木星为岁星，水星为辰星，火星为荧星，土星为填星或镇星。

在国外，古罗马神话中各种神的名字被命名为星的名字，如称水星为商神麦邱立、火星为战神玛尔斯、木星为爱神朱庇特、金星为太阳神阿波罗的先驱和使者。1543 年，波兰天文学家哥白尼创立了"日心说"，让太阳取代地球坐上了"宇宙中心"的宝座，人们才知道自己居住的地球是太阳系的一颗行星。从此，天文学上有了"太阳系"这个名称，太阳系的行星也不断被发现。

1781 年，英国天文学家威廉·赫歇尔，发现了天王星；1846 年，英国的亚当斯和法国的勒威耶，发现了海王星。

太阳系里的八颗大行星，如同一母所生的八个兄弟，它们不但排列得很规则，而且像赛跑运动员在一个场地上比赛一样，非常有秩序地沿着各自的跑道，一刻不停地朝同一个方向绕着太阳在转圈子。虽然它们有的跑得快，有的跑得慢，但从来不争抢跑道。

太阳系是否有第九颗大行星呢？这是不解之谜，不少科学家长期寻找着第九颗大行星。

科学家认为，现在的八大行星轨道之间是找不到第九大行星的，只有在水星轨道以内，或者到冥王星轨道以外才能找到，前者称为"水内行星"，后者称为"冥外行星"。

科学家从20世纪就努力寻找水内行星。虽然有的发现了一些"蛛丝马迹"，并且到水星的身边去实地观测，1976年美国专门发射了一艘宇宙飞船在那里整整寻找了一年，也没有找到可以证明存在水内行星的痕迹。由此看来，存在水内行星的可能性十分渺茫，甚至可以完全排除了。

科学家寻找冥外行星也做了许多工作。天文学家根据观测资料计算，认为冥外行星如果存在，质量为地球质量的5～10倍。现在，科学家已用了超大型望远镜对准这颗未知行星可能出现的地方，拍摄了数以万计照片，正希望从这些照片中沙里淘金似的找到它。此外，美国发射的"先驱者10号"和"先驱者11号"宇宙探测器，在太阳系边缘附近做了大量观测，企图找到冥外行星。1987年7月9日，美国"先驱者号"宇宙探测器的主要研究人员称，太阳系可能存在第九颗大行星，但它的轨道很不寻常，几乎与其他行星的轨道成直角倾斜，行星的质量比地球大4倍，公转周期至少需要700年。

太阳系究竟有没有第九颗大行星？至今说法不一，仍然是一个没有肯定答案的谜，期待今后的长期观测能够回答。也许，这个谜将由你来揭开谜底。

太阳的儿女们

太阳是一颗恒星，在这颗恒星身边诞生了行星世界。这些行星的成员众多，运行活泼，变化万千，使太阳永不寂寞。古人早就发现，在太阳和月亮经过的天区附近，常有几颗明亮的星星，经过一段时间观察发现它们在众恒星背景上有明显的位置变化，给它们起了有别于恒星的名字，叫行星。

中国古代把水星、金星、火星、木星和土星统称为"五星"或"五行"。行星世界成员的共同特点是：八大行星绕太阳运动的轨道平面基本上都很靠近，叫共面性；都朝同一个方向绕太阳运动，叫同向性；同时，它们的轨道又都是似于圆的椭圆轨道，叫近圆性。真是"家有家规，生活有序"。因此，八大行星绕太阳运动各行其道，非常稳定。八大行星都是近似于球形的天体，本身一般不发可见光，所见行星的亮光是表面反射太阳光的缘故。如果你通过天文望远镜观察行星，会发现它们都有一定的视面，而恒星就没有视面了。因此，行星有视面不闪烁。恒星是点光源，由于地球大气抖动，引起闪烁的现象。由于行星绕太阳运动，各自有各自的运行周期，我们从地球上看去，它们就出现了相对于太阳的位置变化，有时隐、时现，时进、时退的现象，这叫行星的视运动。眼睛可直接见到的几大行星的亮度和颜色也是不一样的。金星最明亮，木星次之，火星发红，土星有些发黄。这些也可以作为判别行星的依据。天文学家们还常常以地球轨道来划分行星，把地球轨道以内的水星和金星叫内行星；把地球轨道以外的火星、木星、土星、天王星、海王星称为外行星。按行星的质量、体积、结构和化学元素组成，又把水星、金星、地球和火星称为类地星，而把木星、土星、天王星和海王星称为类木行星。行星世界是人类最近的地外邻居，也应作为人类的家园。随着空间技术的飞速发展，人类已发射了数以千计的探测器，对行星世界和行星际空间进行探测，获得了丰硕的成果。

太阳家族的邻居

　　我们居家总要了解自己周围环境和邻居的状况。地球的空间环境和邻里就是太阳系内的行星际空间。那么，太阳系所处的恒星际空间又有哪些邻居呢？它们的状况如何？我们知道，在银河系内约 1000 亿颗恒星中，离太阳最近的恒星是半人马座的比邻星，它离太阳约 4.2 光年，目视星等为 11 等星。可见，在距太阳 4 光年半径的恒星际空间是没有任何恒星的。只有太阳和它的家族在这里安居乐业。这是一个充满活力的空间。在距太阳 5 光年之内，有 3 颗恒星。它们是上面介绍的比邻星，还有与比邻星在一起组成目视三合星的另外两颗恒星。一颗是半人马座 a 星（甲星），叫南门二，它是全天第 3 颗最亮的恒星，约为 0 等星，它与我们太阳属同一类恒星，体积和质量比太阳稍大一点，距太阳约 4.3 光年。另一颗星亮度为 1 等星，距太阳约 4.3 光年，体积和质量略比太阳小一点。第三颗星就是比邻星。在距太阳 10 光年内共有 11 颗恒星。除上面介绍的 3 颗恒星外，还有著名的蛇夫座巴纳德星。它是 1916 年由美国天文学家巴纳德发现自行最大的恒星，它每年自行一年 10.31″，为 9.5 等星，距太阳 5.9 光年；大犬座天狼星，它是目视双星。甲星就是天狼星，是全天最明亮的恒星，距太阳约 8.6 光年，为 1.5 等星。另一颗乙星是天狼星的伴星，为 8.5 等星，距太阳也是 8.6 光年，它是一颗典型的白矮星；鲸鱼座中 UV 星也是一颗双星，距太阳都是 9 光年。其中 UV 星 B 是 1948 年发现的特殊型的变光恒星。它在 3 分钟内，光度可增强 11 倍，然后又慢慢暗下来。它为 13 等星，是距太阳最近的耀星。狮子座佛耳夫 359 星距太阳 8.1 光年；大熊座拉兰德 21 185 星距太阳 8.2 光年；人马座罗斯 154 星距太阳 9.3 光年。距太阳 21 光年内，则有 100 颗恒星，其中包括天鹰座中的牛郎星，小犬座中的南河三和天鹅座 61 星（两颗）等。太阳的这些近邻各有特色，天文学家们早已把它们列为重要的研究对象。

太阳风暴之谜

　　2000年7月14日的太阳风暴刮过之后，并没有出现原来预测的种种险境，只有商场的防晒霜、防晒伞一时间成了抢手货。但是面对媒体沸沸扬扬的炒作，专家指出中国不是太阳风暴重灾区，应冷静对待，不要掀起太阳风暴过敏症。

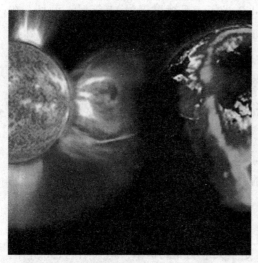

　　到目前为止，太阳风暴还没有对移动通信产生什么影响。从理论上讲，太阳风暴会对通信质量产生影响，但移动通信都是短距离通信而且属于蜂窝式通信，因此太阳风暴对其的影响要比短波通信小。尽管目前还没发现太阳风暴对移动通讯产生多大影响，但今后会怎样，会不会产生太阳风暴后遗症，现在谁也不敢说，能做的只是继续密切监测太阳活动情况和设备运转情况。

　　太阳风暴也许是继厄尔尼诺现象之后再次让老百姓和媒体上心的自然现象，但是采访时许多专家对媒体和老百姓的紧张却另有看法。有些专家认为太阳风暴这个词在学术上是不成立的，这是在媒体上出现的一个新词汇，当然现在也已经被大家所接受，但是在理论界它涵盖了很广阔的范围，是一个整体效应，它包括X射线、射电爆发、太阳风和紫外线、耀斑、太阳质子事件和磁暴等。

　　太阳风暴一般是11年一个周期，目前刚好处于周期的峰年，每个峰期要持续3~4年，在这个阶段太阳活动比较频繁，耀斑也比较多，到达地球的太阳风暴非峰年的话一般只有一两次，而峰年有可能高达十几次。

但目前并不是最严重的一年，1958 年应该是历年来最严重的。太阳风暴有可能影响大批变压器的感应电流，严重的话变压器会被烧毁。

1989 年 3 月，加拿大魁北克省就因为太阳风暴，电力突然全面中断，持续时间长达 9 个小时。但是我国受的影响相对较小，因为我国的地磁纬度较低，最高是漠河地区，大概在 50°，而高纬度一般在 60°以上，诸如北美和欧洲。

太阳风暴影响。比较大的方面有通信、卫星通信以及被广泛使用的 GPS 全球定位系统。但是太阳距离地球 1.5 亿千米，它发射出来的射线和粒子也是通过四面八方到达地球的，地球的磁场和臭氧层会拦截许多到地球的射线和电波，所以到达地球的物质已经是大为减弱，能否引起危害就更值得商榷了。

太阳系中的八大行星

原始行星的直径较现在要大几百倍，当然密度也只有现在的几百分之一，这是因为行星的开始阶段含有大量的氢和氦，而只有少量的重元素。随着组成行星的"颗粒"在引力的作用下黏在一起，原始行星中心的重力也加强了，行星不断收缩而变得有较大的密度。而在行星内部，重力使重元素沉向中心，轻元素大多包围在外层。由于太阳连续不断地喷出带电粒子，也就是太阳风，在离太阳较近的类地行星中，受太阳风影响很大，外围的氢元素、氦元素被吹散，脱离了原始行星的控制，这就是为什么类地行星的主要成分是硅、氧、镁、铁等。这些元素来自前一代恒星死亡后，留给未来的富饶"土壤"。

水星　金星　地球

火星　木星　土星

天王星　海王星

而在距离太阳较远的木星和土星区域，太阳风明显减弱，因此木星和土星基本保留着原始的太阳系成分，氢、氦等轻元素较多，而且体积大，密度小。在更远的天王星和海王星区域，由于距离太阳太远，受太阳引力的束缚小，因此行星的氢、氦等元素也容易脱离行星的势力范围，于是天王星和海王星的成分中重元素较多，密度也较大。而太阳坐镇中央，更大程度地保留了原始星云的成分，即氢和氦。

相信你对月球的陨石坑还有印象，而行星形成时是大天体吸引小天体的过程，就好像陨石撞击月球一样，在引力的召唤下小天体速度越来越快，最后猛烈地轰击大天体的表面。小天体的某些部分由于冲击而被熔化甚至被蒸发了，而大天体的表面会被加热，热量会由于辐射而散失。但是在行星形成时冲击的频率是如此之高，以至行星刚刚形成的脆弱的表面温度上升，达到了熔化的程度，因此科学家们估计行星开始时是以熔化的状态存在的。而当太阳系空间中"大鱼吃小鱼"的游戏因为"小鱼"（小天体）几乎被吃光而仅剩下为数不多的"大鱼"（大天体）时，冲击的过程偃旗息鼓，行星表面冷却下来，最终变成了今天我们看到的模样。为什么最后的八条大鱼——八大行星，不再来一番殊死搏斗呢？这个问题人们还没有搞清楚。也许是它们彼此间的距离太远，没有足够的力量把对方拉过来。

探索彗星形成之谜

太阳、行星和卫星形成了，那么太空流浪儿——彗星又是如何形成的呢？

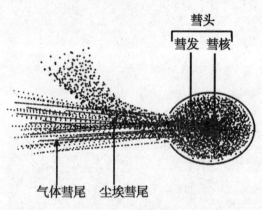

对于彗星的起源有两种观点。一些人认为彗星是太阳系形成时的一部分，但是它们没有参与行星的形成，也许是因为组成彗星的成分在距离太阳很遥远的地方运动着，虽然它们形成了类似圆盘的结构，并且在引力的作用下，盘内的粒子集聚成各种大小的固体，但是由于附近没有一颗恒星照耀而使其熔化为低温条件下自然形成的冰，因此彗星的成分中包含了冰、干冰和一些固态的有机物。还有一些人认为彗星是天外来客，是过路的一颗恒星由于与太阳的引力作用，其中的一部分物质发生偏转，以众多碎片的形式进入了太阳的控制区域。

这就是太阳系形成的科学"版本"。虽然存在着许多悬而未决的问题，但是科学家们相信，在人类未来的日子里，一个个关于太阳系诞生的谜团最终会被解开。对于俗世里的芸芸众生来说，也同样会关心科学家们的探索。让我们祝愿学者们的探索会得到应有的回报，因为每个人都有好奇的天性，都需要知道"我是谁？我从哪里来？我要去哪里？"的答案。

恐龙灭绝之谜

　　大约在 2 亿多年以前，地球上是爬行动物一统天下的，其中恐龙家族又是这一统天下的赫赫霸主。种类繁多、身躯庞大的恐龙占据了当时的海洋、陆地和天空，那时，整个地球几乎成了"恐龙"的世界。可是，在距今约 6500 万年前，这些在当时不可一世的巨兽突然在短时期内全部消亡了，与恐龙共同存在的生物中有 70% 也同时灭绝。是什么原因导致了这场全球性的灾难？

　　今天的科学家们依据各种发现，对恐龙的灭绝提出了多种假设，如气候大变动说，火山爆发说，哺乳类动物竞争说，超新星爆发说，小行星碰撞说，等等。其中小行星碰撞说认为：大约在 6500 万年前，一颗直径为 10 千米左右的小行星与地球相撞，猛烈的碰撞卷起了大量的尘埃，使地球大气中充满了灰尘并聚集成尘埃云，厚厚的尘埃云笼罩了整个地球上空，挡住了阳光，使地球成为"暗无天日"的世界，这种情况持续了几十年。缺少了阳光，植物赖以生存的光合作用被破坏了，大批的植物相继枯萎而死，身躯庞大的食草恐龙每天都要消耗几百至几千千克植物，它们根本无法适应这种突发事件引起的生活环境的变异，只有在饥饿的折磨下绝望地倒下；以食草恐龙为食源的食肉恐龙也相继死去。1991 年美国科学家用放射性同位素的方法，测得墨西哥湾尤卡坦半岛的大陨石坑（直径约 180

千米）的年龄约为 6505.18 万年。从发现的地表陨石坑来看，每百万年有可能发生 3 次直径为 500 米的小行星撞击地球的事件。更大的小行星撞击地球的概率就更小了。

小行星中真正可能对地球造成威胁的称为潜在危险小行星。它们的轨道与地球轨道的最近距离小于 0.05 天文单位（约 750 万千米），直径大于 100 米。据估计，具有潜在危险的小行星约有 2000 颗。

1997 年 1 月 20 日，中国科学院北京天文台施密特 CCD 小行星项目组使用北京天文台 60/90 厘米施密特望远镜在星空发现了一颗潜在危险小行星，这是我国发现的第一颗近地小行星。其轨道与地球轨道的最近距离是 0.0001 天文单位（约 15 000 千米），是当时的 96 颗潜在危险小行星中第 3 颗这么近的。尽管如此，它在今后相当长的时间内（至少在我们的有生之年）不会对地球构成真正的威胁。它被发现后引起国际小行星观测者的极大关注，不仅成为当年被观测次数最多的小行星，也是有史以来被观测最多的暂定编号（1997–BR）小行星之一。捷克天文学家在对它的观测中得到其自转周期为 33 小时。美国 Goldstone 天线对其进行了雷达观测。

如果小行星碰撞说是可能成立的假说，那么今后会不会再发生小行星与地球相碰撞的类似事件呢？人类创造的文明世界会不会被小行星撞击而毁于一旦呢？人类怎样才能对此防患于未然呢？这些都是科学家们非常感兴趣因而在积极探讨的问题。

太阳伴侣之谜

在地球漫长的历史上，至少发生过 3 次 90% 以上生物灭绝的惨剧，还有 7 次虽不是绝大多数生物死亡，但至少也有 20% ~ 50% 的地球 "居住者" 遭到毁灭。遗憾的是，至今人们还未能找到灾变发生的根本原因。

近来，美国科学家提出一种新的科学设想：太阳并非是孤零零的单星，它还应当有一颗尚未为人所知的伴星（在宇宙中，人们已经发现了许多这样的对偶星球）。他们把设想中的这颗太阳伴侣命名为司报应的女神 "尼密吉达"。太阳的这位神秘的伴侣沿着一个长长的椭圆形轨道旋转，长轴大约为 2.5 光年，即 25 万亿千米，它每 2600 万 ~ 2800 万年才靠近太阳一次。

早在 50 年前，荷兰天文学家奥尔特就指出：在太阳系遥远边缘的某一位置，有一个由许多较小天体尘埃物质凝集而成的巨大堆聚物——全部彗星的云团，他称之为 "奥尔特云团"。如果 "尼密吉达" 确实存在的话，那么它在接近太阳系时，必须通过奥尔特云团。如此巨大的天体在奥尔特云团的境域内通过，

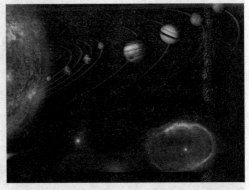

自然有些麻烦，一个要过，一个要阻，于是发生了冲突。在新旧引力的作用下，一些彗星的正常轨道受到干扰，而不得不在自己原有的轨道上被甩出来。于是大量彗星碎片——彗星雨撒向地球，地球上便发生众多生物灭绝的惨剧。这就是地球周期性灾变的根源。十分凑巧的是，地球表层许多假火山口的年龄都是在 2600 万 ~ 2800 万年，这正是 "尼密吉达" 通过奥尔特云团的时间。关于太阳的神秘伴侣 "尼密吉达" 的假说，至今尚未取得一致的意见。"尼密吉达" 是否确实存在，地球上众多生物数次遭劫的 "罪魁" 究竟是谁，还有待人们进一步去研究探索。

小行星发现之谜

18 世纪时，科学家预测在火星与木星间存在着未知行星，但一直没能找到。1801 年，意大利天文学家皮亚齐在一次偶然的观察中，在那个备受关注的区域中发现了一颗小行星。后来，人们用罗马神话里收获女神塞丽斯的名字来为这颗小行星命名，这就是谷神星。

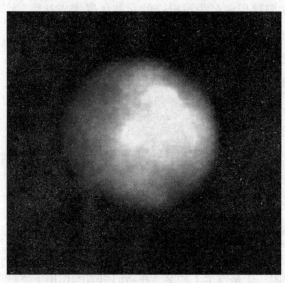

人们把发现的 4 颗比较大的小行星称为"四大金刚"，它们分别为：谷神星、智神星、婚神星、灶神星。小行星不发光，和月亮一样反射太阳的光，它们大部分都很暗，我们用肉眼可以看到的只有一颗，它是 6 等星，叫做灶神星。谷神星是最初发现的 4 颗小行星中的老大，直径近 1000 千米，质量不到地球的 1/5000。但如果真的把它放到地球上，它也要占青海省那么大的面积。

2006 年，在天文学家同意冥王星被降级为矮行星的大会上，也提出了矮行星的概念。按照矮行星的概念，大部分天文学家都认为最先发现的 4 颗小行星，至少是谷神星和婚神星，应该属于矮行星，不能再称之为小行星了。

红巨星之谜

现代恒星演化理论认为，当一颗恒星度过它漫长的青壮年期（主序星阶段），步入老年期时，首先将变成一颗红巨星。"红巨星"这个名字，能够很形象地表示出恒星当时的颜色和体积。当恒星处于红巨星阶段时，体积将膨胀10亿倍之多。在它迅速膨胀的同时，它的外表面离中心越来越远，所以温度将随之而降低，发出的光也就越来越偏红。

红巨星是怎样形成的呢？我们知道，所有处于主序星阶段的恒星都像太阳一样，内部不断进行着核聚变。核聚变的结果，是把每4个氢原子核结合成1个氦原子核，并释放出大量的原子能，形成辐

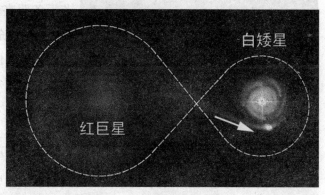

白矮星

红巨星

射压。此时的恒星，辐射压与自身收缩的引力处在一个平衡状态。当核聚变消耗掉大部分氢时，恒星内部的平衡被打破，中心形成一个氦核，并不断集聚，而周围的氢在燃烧中向外推进，这样便形成了内核收缩、外壳迅速膨胀的红巨星。球状星团中普遍存在红巨星，许多球状星团中最亮的星就是红巨星。

旋涡星系之谜

旋涡星系是目前科学家观测到的数量最多、外形最美丽的一种星系。它之所以叫"旋涡星系"，是因为形状很像江河中的漩涡。

旋涡星系从侧面看，就像一块大铁饼，它的中间凸起，四周扁平。从"铁饼"凸起的部分螺旋式地伸展出若干条明亮的"光带"，它们叫"旋臂"。那里充满了气体，是恒星的摇篮。如果我们从侧面看旋涡星系，根本就看不到它的旋臂，只能看到一个椭圆形。绝大多数恒星都集中在"铁饼"的中心，旋臂上则聚集了大量的星际物质、气体等。

天文学家通过观察旋臂，能推测出旋涡星系年轻与否：旋臂越是明显松散、星系的年龄就越小，那里将来会有大批的恒星出现；相反，旋臂越模糊紧凑，星系的年龄就越大，那里的大部分恒星都在慢慢地走向衰老。